U0337685

国家自然科学基金项目(61972134)资助
河南省科技攻关项目(192102210118)资助

生物信息学中的
序列组装方法

罗军伟　著

中国矿业大学出版社
·徐州·

图书在版编目（ＣＩＰ）数据

生物信息学中的序列组装方法/罗军伟著. —

徐州：中国矿业大学出版社，2022.5

ISBN 978 - 7 - 5646 - 5374 - 3

Ⅰ. ①生… Ⅱ. ①罗… Ⅲ. ①基因组—研究 Ⅳ.

①Q343.2

中国版本图书馆 CIP 数据核字（2022）第 073672 号

书　　名	生物信息学中的序列组装方法
著　　者	罗军伟
责任编辑	仓小金
出版发行	中国矿业大学出版社有限责任公司
	（江苏省徐州市解放南路　邮编 221008）
营销热线	（0516）83885370　83884103
出版服务	（0516）83995789　83884920
网　　址	http://www.cumtp.com　E-mail：cumtpvip@cumtp.com
印　　刷	徐州中矿大印发科技有限公司
开　　本	787 mm×1092 mm　1/16　**印张** 8.5　**字数** 217 千字
版次印次	2022 年 5 月第 1 版　2022 年 5 月第 1 次印刷
定　　价	38.00 元

（图书出现印装质量问题，本社负责调换）

前　言

　　生物信息学是计算机科学与生命科学的交叉学科,它是利用统计学、机器学习、数据挖掘等方法对海量复杂生物数据进行分析,以帮助生命科学研究人员发现更多的生命规律或者解决特定问题。而序列组装是生物信息学中的一个研究热点。当前国内外不同的学者提出了许多序列组装方法,但是国内出版的中文相关书籍较少。因此,本书作者想通过对自己读博和工作期间的一些研究学习成果进行总结,以专著的形式发表,并供国内更多的相关研究者参考。

　　本书是从生物信息学的角度出发研究序列组装的各个关键步骤。针对一个特定物种,如果想要获得该物种完整准确的基因组序列,那么我们首先通过测序技术对该物种进行测序,然后可以获得海量的读数(read)片段。然后再利用序列组装方法以这些读数作为输入,期望获得该物种的完整准确的基因组序列。所以在本书中,可以把序列组装方法当成一个算法,它的输入是海量的序列片段,它的输出仍然是序列片段,只是这些输出的序列片段更长更连续。在现实中,序列组装方法获得的结果往往和该物种的基因组序列有差异,要么是更零散,要么是存在错误序列。

　　由于序列组装是一个复杂问题,因此它也往往可以分成多个独立的步骤,包括 contig 构建,scaffolding 和 gap 填充。因此,在本书中,作者主要关注序列组装中这些关键步骤的实现方法以及评价方法。在 contig 构建阶段,一条 contig 是一条 DNA 序列片段,它是根据读数之间的重叠关系对种子序列进行左右扩展得到的较长序列,其中种子序列可以是一个读数或者其他更长的序列。如果一个序列的后缀和另一个序列的前缀相同,则这两个序列具有重叠关系。两个序列片段是否具有重叠关系的关键是设定重叠长度的阈值,这个阈值越大,发生重叠关系的序列片段就越少,反之则越多。在 scaffolding 阶段主要是确定 contig 之间在基因组 DNA 序列上的先后顺序以及方向关系。先后顺序是指当两个 contig 比对到基因组参考序列上时,它们在参考序列上坐标位置之间的先后顺序关系。由于 DNA 是双链的,因此需要确定 contig 之间的方向关系,这里的方向关系是指两个 contig 是否在同一条链上,因此如果在同一条链上,则这两个 contig 是同向的,否则是反向的。同时对相邻 contig 之间在基因组参考序列上的距离进行估计。该阶段产生的结果是长度更长的序列片段 scaffold。其中每条 scaffold 对应一组已经确定了先后顺序和方向的 contig 线性排序，contig 之间的空白区域（gap）用'N'来填充。gap 填充阶段主要确定 scaffold 中 gap 区域的序列，进而减少 scaffold 中未知区域的长度。

本书主要包括十章。第 1 章主要介绍了序列组装的意义、难点、步骤和评价，这些涉及序列组装的基础知识，是本书后续内容的基础。第 2 章介绍了一种基于 insert size 分布和双端读数的序列组装方法，该方法能够有效的获取更准确的组装结果。第 3 章介绍了一种内存低耗的序列组装方法，该方法能够在较小的内存空间上完成整个序列组装过程。第 4 章介绍了一种基于双端读数统计特征的 scaffolding 方法，该方法和同类方法相比能够取得更好的结果。第 5 章介绍了一种基于长读数和 contig 分类的 scaffolding 方法，该方法利用长读数和 contig 之间的比对结果，把 contig 分成两类，然后分别进行处理。第 6 章介绍了一种 gap 填充评价方法，该方法提出了专门针对 gap 填充工具的评价指标。第 7 章介绍了一种基于读数分割策略的 gap 填充方法，该方法对每个 gap 区域，确定两个读数集合，并利用 De Bruijn 图填充 gap 区域。第 8 章介绍了一种基于 k-mer 分布特征的长读数重叠区检测方法，该方法利用两条长读数之间的共有 k-mers，确定其重叠区域。第 9 章介绍了一种基于 Hi-C 交互矩阵的 contig 纠错方法，该方法能够对识别 contig 中的一些组装错误，并有利用后续的 scaffolding。第 10 章介绍了一种基于 Hi-C 读数的 scaffolding 方法，该方法利用 Hi-C 比对数据。

感谢河南理工大学计算机科学技术学院和中南大学计算机学院（原信息科学与工程学院）对我的培养。感谢我的老师王建新教授、潘毅教授和吴方向教授，你们让我领悟到做科研不仅需要有活跃的思维，而且要有精益求精的态度。

本书由罗军伟（河南理工大学）执笔，得到国家自然科学基金（61972134，61602156）、河南省科技攻关项目（192102210118）和河南理工大学创新科研团队经费的资助。

限于篇幅与自身学识，本书并未涉及生物信息学的其他研究问题。撰写此书虽已尽全力，仍旧诚惶诚恐，唯恐出现纰漏，贻笑大方。相关建议或批评，可直接发至本人邮箱 luojunwei@hpu.edu.cn 交流讨论。

罗军伟

于焦作市河南理工大学 2021 年 11 月

目　录

1　绪论 ⋯⋯⋯⋯⋯⋯⋯⋯⋯⋯⋯⋯⋯⋯⋯⋯⋯⋯⋯⋯⋯⋯⋯ 1
　1.1　序列组装意义 ⋯⋯⋯⋯⋯⋯⋯⋯⋯⋯⋯⋯⋯⋯⋯⋯⋯⋯ 1
　1.2　序列组装难点 ⋯⋯⋯⋯⋯⋯⋯⋯⋯⋯⋯⋯⋯⋯⋯⋯⋯⋯ 2
　1.3　序列组装步骤 ⋯⋯⋯⋯⋯⋯⋯⋯⋯⋯⋯⋯⋯⋯⋯⋯⋯⋯ 4
　1.4　序列组装评价方法 ⋯⋯⋯⋯⋯⋯⋯⋯⋯⋯⋯⋯⋯⋯⋯ 12

2　基于 insert size 和读数分布的序列组装方法 ⋯⋯⋯⋯⋯ 14
　2.1　概述 ⋯⋯⋯⋯⋯⋯⋯⋯⋯⋯⋯⋯⋯⋯⋯⋯⋯⋯⋯⋯⋯⋯ 14
　2.2　基于 insert size 和读数分布的序列组装方法 ⋯⋯ 14
　2.3　实验数据 ⋯⋯⋯⋯⋯⋯⋯⋯⋯⋯⋯⋯⋯⋯⋯⋯⋯⋯⋯⋯ 22
　2.4　打分函数有效性分析 ⋯⋯⋯⋯⋯⋯⋯⋯⋯⋯⋯⋯⋯⋯ 23
　2.5　实验结果 ⋯⋯⋯⋯⋯⋯⋯⋯⋯⋯⋯⋯⋯⋯⋯⋯⋯⋯⋯⋯ 24
　2.6　本章小结 ⋯⋯⋯⋯⋯⋯⋯⋯⋯⋯⋯⋯⋯⋯⋯⋯⋯⋯⋯⋯ 28

3　内存低耗的序列组装方法 ⋯⋯⋯⋯⋯⋯⋯⋯⋯⋯⋯⋯⋯⋯ 29
　3.1　组装内存效率 ⋯⋯⋯⋯⋯⋯⋯⋯⋯⋯⋯⋯⋯⋯⋯⋯⋯⋯ 29
　3.2　EPGA2 方法步骤 ⋯⋯⋯⋯⋯⋯⋯⋯⋯⋯⋯⋯⋯⋯⋯⋯ 30
　3.3　实验结果 ⋯⋯⋯⋯⋯⋯⋯⋯⋯⋯⋯⋯⋯⋯⋯⋯⋯⋯⋯⋯ 31
　3.4　本章小结 ⋯⋯⋯⋯⋯⋯⋯⋯⋯⋯⋯⋯⋯⋯⋯⋯⋯⋯⋯⋯ 31

4　基于双端读数统计特征的 scaffolding 方法 ⋯⋯⋯⋯⋯⋯ 32
　4.1　scaffolding 难点 ⋯⋯⋯⋯⋯⋯⋯⋯⋯⋯⋯⋯⋯⋯⋯⋯ 32
　4.2　基于双端读数统计特征的 scaffolding 方法 ⋯⋯⋯ 32
　4.3　实验分析 ⋯⋯⋯⋯⋯⋯⋯⋯⋯⋯⋯⋯⋯⋯⋯⋯⋯⋯⋯⋯ 39
　4.4　本章小结 ⋯⋯⋯⋯⋯⋯⋯⋯⋯⋯⋯⋯⋯⋯⋯⋯⋯⋯⋯⋯ 46

5　基于长读数和 contig 分类的 scaffolding 方法 ⋯⋯⋯⋯ 47
　5.1　引言 ⋯⋯⋯⋯⋯⋯⋯⋯⋯⋯⋯⋯⋯⋯⋯⋯⋯⋯⋯⋯⋯⋯ 47
　5.2　基于长读数和 contig 分类的 scaffolding 方法 ⋯⋯ 47
　5.3　实验结果 ⋯⋯⋯⋯⋯⋯⋯⋯⋯⋯⋯⋯⋯⋯⋯⋯⋯⋯⋯⋯ 52
　5.4　本章小结 ⋯⋯⋯⋯⋯⋯⋯⋯⋯⋯⋯⋯⋯⋯⋯⋯⋯⋯⋯⋯ 57

6   一种 gap 填充结果评价方法 ···························· 58
    6.1   概述 ··· 58
    6.2   比对信息预处理 ··· 58
    6.3   gap 填充区域序列抽取 ·· 59
    6.4   gap 参考序列抽取 ··· 60
    6.5   gap 参考序列和填充 gap 区域序列比对 ················· 63
    6.6   实验与分析 ··· 63
    6.7   本章小结 ·· 71

7   基于读数集合分割策略的 gap 填充方法 ············ 72
    7.1   引言 ··· 72
    7.2   基于读数集合分割策略的 gap 填充方法 ················· 72
    7.3   实验及结果 ··· 76
    7.4   本章小结 ·· 83

8   基于 k-mer 特征分布的重叠检测算法 ············ 84
    8.1   前言 ··· 84
    8.2 k-mer 分布特征 ·· 85
    8.3   基于 k-mer 分布特征的长读数重叠区检测方法 ······ 87
    8.4   实验及结果 ··· 93
    8.5   本章小结 ·· 98

9   基于 Hi-C 交互矩阵的 contig 纠错方法 ············ 99
    9.1   引言 ··· 99
    9.2   纠错方法步骤 ·· 99
    9.3   实验与结果 ··· 103
    9.4   复杂度分析 ··· 107
    9.5   本章小结 ·· 108

10   基于 Hi-C 读数的 scaffolding 方法 ··············· 109
    10.1   引言 ··· 109
    10.2   基于 Hi-C 读数的 scaffolding 方法 ···················· 109
    10.3   实验与结果 ··· 112
    10.4   本章小结 ··· 113

参考文献 ··· 114

1　绪　论

1.1　序列组装意义

脱氧核糖核酸(DNA)序列可组成遗传指令,指导生物发育与生命机能运作。DNA 序列中带有遗传信息的序列片段称为基因[1-2]。基因和生命的基本构造和表型有紧密关联,并储存着生命的种族、血型、孕育、生长、凋亡过程的绝大部分信息。生物体的生、长、衰、病、老、死等一切生命现象都与基因有关,基因也是生命健康的内在主要因素。基因不仅控制着生物的性状,而且被证明和许多疾病有着密切的联系,研究基因,可以更好地了解疾病的发生和发展过程,可以为研究新型药物提供思路,从而为疾病的预防和治疗提供解决途径,推动人类医疗健康的发展。同时生物制药也可以为社会提供大量就业机会,创造巨大的社会财富。而 DNA 序列中除了基因序列外的其他序列片段,有些直接以自身构造发挥作用,有些则参与调控遗传信息的表现,因此这些序列片段同样在生命过程中发挥着重要的作用。在基础生物学研究和众多应用领域中,如诊断、生物技术、法医生物学、生物系统学中,DNA序列已成为不可缺少的知识。因此,获取完整和准确的 DNA 序列是理解生命活动内在组织和过程的基础。

基因组测序技术是获得完整 DNA 序列的必要途径。当对一个特定物种进行 DNA 测序后,能够得到大量 DNA 片段集合,也就是读数(read)集合。每个读数是一段由碱基组成的序列,即腺嘌呤(A)、胸腺嘧啶(T)、胞嘧啶(C)与鸟嘌呤(G)组成的序列。目前为止,基因组测序技术可以划分为三代[3]。第一代测序技术以桑格测序法为代表[4],在 2001 年,完成的首个人类基因组图谱是在桑格测序法的协助下完成的。第一代测序技术得到的读数长度可达到 1 000 bp 左右,测序错误率在 0.1% 以下。但是第一代测序技术的通量太低,并且成本过高,无法满足广大科研应用需求。进入 21 世纪以来,经过不断的技术开发和改进,以Roche 公司的 454 技术[5-6]、Illumina 公司的 Solexa[7-9] 和 ABI 公司的 Solid 技术[10-11] 为代表的第二代测序(Next Generation Sequencing)技术诞生了。第二代测序技术一次能够同时对海量数据进行测序,因此也称为高通量测序技术。第二代测序技术以其高速度、高通量、低成本等特点,使人们对于不同物种基因组的探索热情高涨。近几年,以 PacBio 公司的单分子实时测序技术[12-13] 和牛津纳米孔技术公司推出的测序技术[14-15] 为代表的第三代测序技术快速发展。与前两代测序技术相比,第三代测序技术最大的特点是能够产生更长的读数(可达到几万个碱基),但是相对第二代测序技术来讲,其测序错误率非常高。

随着测序速度越来越快,测序成本越来越低[16-17],不断累积的海量测序数据加速了许多生物领域的研究,如基因功能分析[18-21]、结构变异检测[22-33]、非编码 RNA 检测[34-38]、蛋白质表达分析[39-42] 等。而序列组装作为基因组学研究中一个重要的研究领域,越来越受到研究人员的重视,也是众多下游分析研究的基础。

从头序列组装(De Novo Sequence Assembly)方法是在没有基因组参考序列的情况下，将测序技术得到的海量读数还原成一个完整的基因组 DNA 序列[43-45]。最近的大规模基因组研究，如 1000 基因组项目(http://www.1000genomes.org/)[46-47]，10 k 英国基因组项目(http://www.uk10k.org/)，国际癌症基因组 Consortium(http://icgc.org/)和 1001 拟南芥基因组项目(http://1001genomes.org/)，已成功确定个体或细胞之间在基因组 DNA 序列上存在着差异。从这些研究结果中，可以发现个体或细胞中的结构变异和单核苷酸变异比以前预期的更丰富[48]。基因组重复测序方法常常不能检测这些高度变化的基因组区域[49-50]。因此，从头序列组装将是构建个人精确基因组 DNA 序列的更好选择。本书后续章节提到的序列组装都是指从头序列组装。

由于基因组 DNA 序列结构比较复杂，特别是重复区(即一段 DNA 片段多次出现在基因组的不同位置)问题，测序错误问题(即读数中往往也包含一定的错误碱基)，以及读数长度问题等限制了序列组装方法的应用[51]。第二代测序技术经过十几年的改进和发展，其技术已经非常成熟，并且其测序成本和测序错误都比较低。因此，第二代测序技术已得到了广泛的应用，并且积累了大量的测序数据。研究基于第二代测序技术的序列组装方法具有重要的科学和经济意义。

1.2　序列组装难点

DNA 序列是双螺旋结构，两条反向平行的多核苷酸链作为骨架，通过碱基对结合在一起相互缠绕形成一个右手的双螺旋结构。这两个链上的碱基顺序彼此是互补的，即在一条链上如果是碱基 A，则其对应的另一条链同一个位置是碱基 T，另外 G 和 C 对应。只要确定了其中一条链的碱基顺序，另一条链的碱基顺序也就确定了。DNA 碱基顺序如图 1-1 所示。在测序时得到的读数可能对应于任何一条链的序列片段，但是每个读数都是从 5'端到3'端。

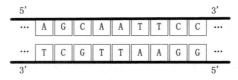

图 1-1　DNA 碱基示意图

由第二代测序技术得到的读数可以分为两种类型：单端读数和双端读数。单端读数是在测序的时候复制一个比较短的 DNA 片段，然后对该片段进行测序得到一个读数[如图 1-2(a)所示]。另外一种是在测序时，首先复制一个比较长的 DNA 片段，然后对该 DNA 片段的左端和右端一段短区域进行测序，得到一对读数即双端读数。双端读数的两个读数处在 DNA 序列的不同链上，并且互称为配偶读数。由第二代测序技术得到的双端读数文库，包括两个文件分别存储双端读数的左端和右端读数。根据双端读数之间的位置和方向关系，可以把双端读数文库分为前向-后向和后向-前向文库。前向-后向文库是指双端读数中的一个读数在它自身所在链的坐标位置小于另一个读数在其互补链上的坐标位置[如图 1-2(b)所示]。后向-前向文库是指双端读数中的一个读数在它自身所在链的坐标位置大于另一个读数在其互补链上坐标位置[如图1-2(c)所示]。坐标位置都是5'端对应的坐标较小,3'对应的坐标较大。双端读数中每对读数之间的间距(包括读数本身的长度)称为insert size,即在测序时首先复制的基因组DNA片段长度,一般假设insert size近似服从正态分布[52-54]。本书后续章节提到的双端读数都是指前向-后向类型。

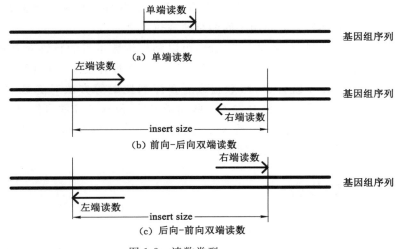

图1-2　读数类型

由于基因组序列结构比较复杂以及测序技术带来的误差等因素,序列组装面临着一些难点和挑战。主要包括以下几个方面:

(1)序列重复区:由于基因组序列结构比较复杂,基因组序列中往往存在着大量长度不一的重复区(序列片段)[55-57]。特别是第二代测序得到的读数长度一般比较短,很难跨过重复区,这使序列组装方法很难确定重复区左右两侧的序列区域,进而使序列组装结果比较零散或者发生错误。

(2)测序错误:由于测序技术的不完善,测序数据往往包含一些错误,即读数中碱基和真实序列有差异[58]。这种差异主要包括替换错误、删除错误和插入错误三种类型。替换错误是指读数中的碱基和真实碱基不一样。删除错误是指读数和真实情况相比,少了一段碱基。插入错误是指读数和真实情况相比,多了一段碱基。不同的测序平台和文库准备方法都会影响测序错误的类型和错误率。比如Illumina平台的测序错误率一般小于1%,并且主要集中在读数的3'端[59-62]。测序错误会使本来不会发生重叠关系的读数具有重叠关系,或者使本来具有重叠关系的读数没有重叠关系,进而增加序列组装的难度[63]。

(3)测序深度不均衡:由于聚合酶链反应(PCR)、克隆、GC偏差、测序错误以及拷贝数变异等因素,基因组DNA序列的不同区域对应的读数个数往往不均衡[64-70]。部分区域可能对应的读数非常多,称之为高测序深度区域。而有的区域可能对应非常少的读数,称之为低测序深度区域。测序深度不均衡问题加剧了前面两个问题造成的影响,使序列组装结果不准确。

(4)数据量巨大:随着测序深度的增加,相应的测序数据也会快速增长。特别是对于基因组DNA序列比较大的物种,比如人类,在测序深度为30倍的情况下,测序数据可以达到90 Gb。因此,序列组装方法在对海量数据进行处理时,往往面临着运行时间较长和内存消耗巨大等问题,并对计算机硬件资源要求比较高[71-72]。

当前基于第二代测序技术的序列组装方法多利用双端读数文库完成序列组装。这主要是因为双端读数的 insert size 较长,能够达到 2 000~5 000 bp 左右,进而可以克服部分重复区问题。在确定一个重复区的左右两侧序列区域时,可以利用能够分别比对到重复区两侧区域的双端读数个数,确定该重复区左右两侧正确的序列区域。因此利用双端读数作为原始输入数据解决序列组装的相关问题是研究热点之一。

针对测序错误问题,在序列组装之前,可以利用读数本身的特性对其进行纠错,进而提高组装结果的准确性。目前,已经针对第二代测序读数开发了一些读数纠错工具[73-91],这些工具一般利用 k-mer 统计、后缀数组或者多序列比对等方法对隐藏的测序错误进行纠正[62]。当前针对长读数也已经开发了一些纠错工具,包括长读数自纠错和混合纠错。自纠错方法是只利用长读数之间的重叠关系进行纠错[92-93]。混合纠错方法一般利用短读数正确率比较高的特点对长读数进行纠错[94-101]。

1.3   序列组装步骤

1.3.1   基于双端读数的序列组装方法

目前,已经提出了许多序列组装方法,序列组装过程可以分为三个阶段[102-106],如图 1-3 所示:第一,contig 构建阶段:一条 contig 是一条 DNA 序列片段,它是根据读数之间的重叠关系对种子序列进行左右扩展得到的较长序列,其中种子序列可以是一个读数或者其他更长的序列。如果一个序列的后缀和另一个序列的前缀相同,则这两个序列具有重叠关系。两个序列片段是否具有重叠关系的关键是设定重叠长度的阈值,这个阈值越大,发生重叠关系的序列片段就越少,反之则越多。第二,scaffolding 阶段:由于上一步产生的 contig 处在 DNA 序列的不同位置和不同链上,因此该阶段主要是确定 contig 之间在基因组 DNA 序列上的先后顺序以及方向关系。先后顺序是指当两个 contig 比对到基因组参考序列上时,它们在参考序列上坐标位置之间的先后顺序关系。方向关系是指两个 contig 是否在同一条链上,如果在同一条链上,则这两个 contig 是同向的,否则是反向的。同时对相邻 contig 之间在基因组参考序列上的距离进行估计。该阶段产生的结果是长度更长的序列片段 scaffold。其中每条 scaffold 对应一组已经确定了先后顺序和方向的 contig 线性排序,contig 之间的空白区域(gap)用'N'来填充。第三,gap 填充阶段:该阶段主要确定 scaffold 中 gap 区域的序列,进而减少 scaffold 中未知区域的长度。第二阶段和第三阶段可迭代地进行。

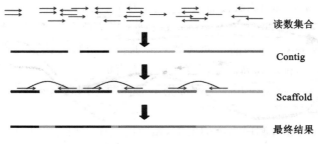

图 1-3   序列组装过程图

第一步：contig 构建方法

目前已经提出了很多 contig 构建方法，这些方法可以分为以下两种：一种是基于读数重叠图的方法，另一种是基于 De Bruijn 图的方法。下边分别对这两种方法进行介绍。

（1）基于读数重叠图的方法

读数重叠图方法的提出早于 De Bruijn 图方法，该方法包括三个步骤：第一，检测读数之间的重叠关系。首先设定一个阈值，规定最小的重叠长度。然后检测两两读数之间是否发生重叠以及重叠长度是否大于规定的阈值。第二，根据重叠关系，以每个读数为一个节点，如果两个读数之间具有重叠关系，则两个节点之间添加一条有向边。第三，根据图结构，选择相应的路径对应一条 contig。

在读数重叠图中，一个节点往往同时和多个其他节点具有连接边。因此如何根据这些读数的重叠关系确定后续节点，进而扩展路径，得到较长的序列是这类方法的关键。已有的方法往往根据 Overlap-Layout-Concencus（OLC）方法确定后续节点或者一致序列，即得到读数支持最多的重叠区域往往对应着正确的后续节点。一个示例如图 1-4 所示。

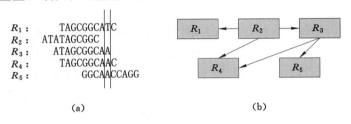

图 1-4　序列扩展示例

如图 1-4 （a）所示，R_1、R_2、R_3、R_4 和 R_5 分别是长度为 10 的读数，并且显示了五个读数之间的重叠关系。如图 1-4 （b）所示，在构建读数重叠图时，规定重叠长度最少为 5，则可以得到该读数重叠图。而在由 R_2 进行扩展时，由于和 R_2 有重叠关系的读数的第一个碱基都为 A，第二个扩展碱基时，有两个候选碱基：T 和 A，由于 A 获得三个读数的支持，而 T 只有一个读数支持，所以应该选择 A 继续扩展。

读数重叠图方法一般适用于读数长度较长的数据集。当读数较长时，在相同测序深度情况下，则该图包含的节点也相对较少，同时可以增加重叠长度的限制，进一步降低该图的连通性。由于第一代测序技术得到的读数长度比较长，所以基于第一代测序技术的序列组装方法往往利用读数重叠图进行组装，其中常见的方法包括 ARACHNE[107-108]，Newbler[109]，PCAP[110]，Celera Assembly[111]，CAP3[112]，TIGR[113]，CABOG[114]，Shorty[115] 等等。现在第三代测序技术产生的读数长度可以达到上万碱基，虽然其错误率较高，但是也可以利用早期的重叠图序列组装方法进行组装[116-118]。

读数重叠图方法的缺点之一是在确定读数的重叠关系时，往往需要消耗过多的时间。因为测序数据中包含的读数个数一般都比较多，可以达到上千万或者亿级，因此在对两两读数进行比对时，往往需要巨大的比对和计算时间。同时在确定重叠长度这个阈值时，如果设置得太小，则读数重叠图的连通性会增加，使读数重叠图的结构比较复杂。该阈值如果设置得太长，由于测序错误等原因和读数长度等因素，会使读数重叠图的连通性大大降低，进而影响序列组装结果。

（2）基于 De Bruijn 图的方法

De Bruijn 方法比读数重叠图方法更适用于高通量测序技术[119-124]，它通过将每个读数分成一个个的 k-mer，每个 k-mer 是一个长度为 k 的子串[120-122]。如果读数的长度是 L，那么一个读数将会产生 $(L-k+1)$ 个 k-mer。k 值的大小对 De Bruijn 图的连通性有比较重要的影响。当 k 值比较大时，这会使 k-mer 的个数减少，相应的减少 De Bruijn 图中的节点个数和边的个数，降低 De Bruijn 图的连通性。当 k 值比较小时，会增加 De Bruijn 图的连通性。

在利用 k-mer 构建 De Bruijn 图时，有两种方式：一种是欧拉 De Bruijn 图，把每个 k-mer 作为一个节点，如果一个 k-mer 最后 $k-1$ 个碱基和另一个 k-mer 前 $k-1$ 个碱基相同，则这两个 k-mer 之间添加一条有向边；另一种是汉密尔顿 De Bruijn 图，每个 k-mer 长度为 $k-1$ 的前缀和后缀子串当作节点，并且这两个节点之间连接一条有向边，这条边对应着 k-mer 本身。这两种类型的 De Bruijn 图可以互相转化，欧拉 De Bruijn 图相当于 $(k+1)$-mer 的汉密尔顿 De Bruijn 图，而汉密尔顿 De Bruijn 图相当于 $(k-1)$-mer 的欧拉 De Bruijn 图。

由于在读数集合中，往往存在一些测序错误，这会使在构建 De Bruijn 图时引入一些错误节点。为了消除测序错误的影响，现有的方法往往会计算读数文库中每个 k-mer 出现的频次，并提前设定一个 k-mer 的最低频率阈值，低于该阈值的 k-mer 会被认为是由测序错误引入的 k-mer，这些 k-mer 会被过滤掉，不参与 De Bruijn 图的构建。现有的方法一般会根据读数文库的覆盖倍数设置该阈值，如果该阈值设定得太大，则会过滤掉一些正确的 k-mer，而如果该阈值设定得太小，则会使一些错误的 k-mer 保留下来。

图 1-5（a）根据两个 read：AATTACGA 和 CATTAACT，构建 De Bruijn 图：其中 k 的长度设置为 4，每个 k-mer 代表一个节点，边代表两个 k-mer 重叠 $k-1$ 个碱基；图 1-5（b）简单路径合并：四个节点合并成一个节点，该节点对应的序列也相应的发生变化；图 1-5（c）末梢节点删除：节点 GAAAT 的长度小于 $2 \times k$，并且其出度为 0，则该节点是末梢节点，并删除；图 1-5（d）合并泡结构：在该图中，两个节点 ATTGGTAA 和 ATTGCTAA 两个节点的长度相等，只有一个碱基不同，并且它们的出度和入度节点也相同，则这两个节点合并，只保留一个节点。

在构建好 De Bruijn 图后，现有的方法会进一步采取一些优化措施，减少 De Bruijn 图的复杂性。下面以欧拉 De Bruijn 图为例，介绍三种常见的优化措施（示例如图 1-5 所示）：① 在构建好的 De Bruijn 图中会存在一些简单路径，即除了起始和终止节点外，该路径中间的所有节点的出度和入度均为 1，这些简单路径可以合并成一个节点。当两个节点进行合并时，则第一个节点对应的序列和后一个节点对应序列的后 $N-k+1$ 个碱基进行合并，其中 N 为后一个节点的长度[见图 1-5（b）所示]。② 在合并简单路径后，如果一个节点的出度或者入度为 0，并且其长度小于 $2 \times k$，则该节点被认为是末梢节点，也是由测序错误造成的，并在 De Bruijn 图中删除该节点及其相关的边[见图 1-5（c）所示]。③ 由于基因组单核苷酸序列多态性，在 De Bruijn 图中会存在一些泡结构。在 De Bruijn 图中，如果两个节点的出度和入度节点均相同，同时，这两个节点的长度一样，并且只有一个碱基不同，则认为这两个节点是由基因组序列的单核苷酸序列多态性造成的，则在 De Bruijn 图中删除其中一个节点及其关联的边[如图 1-5（d）所示]。

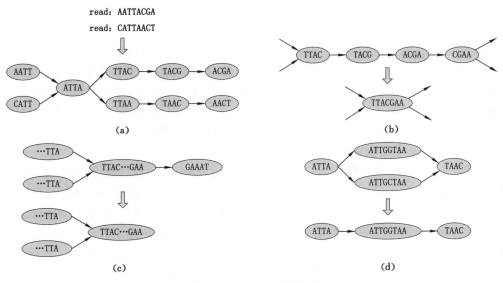

图 1-5 De Bruijn 图优化

Velvet[125]基于 De Bruijn 图生成 contig 集合，Velvet 把双端读数分别比对到 De Bruijn 图的节点上，并记录成对节点，然后抽取相应的路径生成 contig。但是如果 De Bruijn 图中的节点长度小于读数长度时，读数无法比对到节点上，而在 De Bruijn 图中往往存在大量长度小于读数长度的节点，因此 Velvet 生成的 contig 比较零散。ABySS[126]采用了和 Velvet 相似的策略，但是其计算效率比较高，ABySS 的主要特征是采用了分布式 k-mer 哈希表。为了减少序列组装对于计算机内存的要求，ABySS 分布存储 k-mer 哈希表在集群系统，其中集群系统与计算机内存之间通过网络相互访问。ALLPATH-LG[127-128]在生成 De Bruijn 图时，不会删除潜在错误或冗余的路径，因为这些路径也许是正确的路径。这个举措使得该方法耗费相对较大的内存，对于大的脊椎动物基因组，运行时间较长。并且 ALLPATHS-LG 一般需要两个读数文库，其中一个文库要求双端读数的 insert size 小于两倍的读数长度，另一个文库的 insert size 要大一点。SPAdes[129]也是基于 De Bruijn 图生成 contig。它使用双层配对的 De Bruijn 图。首先利用 k-mer 构建 De Bruijn 图的内层。具有大的 insert size 的配对 k-mer 用于构建图的外层，进而处理重复区。IDBA[130] 和 IDBA-UD[53]通过迭代地改变 k-mer 的长度，并构建相应的 De Bruijn 图，这样可以减少重复区和测序不均衡带来的问题。然后使用双端读数消除 De Bruijn 图中的分支选择问题，并产生 contig 集合。SOAPDenovo[131] 和 SOAPDenovo2[132]通过分析 De Bruijn 图结构，消除部分短重复区的影响，并降低图结构的复杂性，通过合并简单路径形成长节点，这些长节点作为 contig 集合。SparseAssembler[133]使用稀疏 k-mer，并大大减少所需的内存一个数量级。SGA[134-135]使用 FM 索引来实现组装方法，该索引是基于 Burrows-Wheeler 变换，大大减少了 RAM 内存。基本上，SGA 通过 k-mer 快速查找读数之间的重叠关系，并直接基于读数进行组装。MaSuRCA[136]通过扩展读数的长度，使之变成长读数，然后再利用基于 OLC 的组装方法 Celera 完成组装。Meraculous[137]构建了一个轻量级哈希表，其中只存储高质量的扩展部分，Meraculous 不需要任何纠错步骤，并产生更准确的结果，该方法可以在分布式系统实现并行计算,每个计算节点只需要较低存储空间。

第二步:Scaffolding 方法

由于序列组装工具生成的 contig 可能分布在基因组序列的任意区域,并且由于 DNA 序列是双链结构,这些 contig 可能处在双链上的任意一条链上,如果两个 contig 处在同一条链上即它们是同方向的。Scaffolding 方法就是用来推断 contig 之间的方向和顺序关系,即确定 contig 之间是否在同一条链上和 contig 在基因组参考序列上的先后顺序。Scaffolding 会使序列组装结果更加连续和完整,这有助于后续基因识别,基因组比对,结构变异检测等研究,是序列组装研究中的热点之一。

由于第二代测序技术比较成熟,并具有正确率高、成本低和通量高等优势,所以在国内外得到了广泛的应用。虽然第二代测序技术产生的读数比较短,但是测序得到的双端读数的 insert size 可以达到数千碱基,能够克服部分重复区带来的问题。所以,采用双端读数推断 contig 之间的方向和顺序关系是 scaffolding 方法研究中的热点。其步骤一般是先利用已有的序列组装工具生成 contig,然后把双端读数比对到 contig 上,再通过比对信息构建 scaffold 图(即 scaffold graph 或者 bidiercted graph),进而推断 contig 之间的方向和顺序关系(如图 1-6 所示)。现有的基于双端读数的 scaffolding 方法一般包含以下三个步骤:

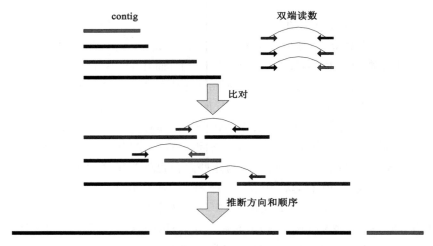

图 1-6　scaffolding 流程图

（1）比对数据预处理

Scaffolding 方法首先利用比对工具把双端读数文库比对到 contig 集合上,常用的比对工具有 Bowtie[138]、Bowtie2[139] 和 BWT[140] 等。由于重复区和测序错误问题,一个读数可能被比对工具比对到多个位置。SCARPA[141] 和 ScaffMatch[142] 采取了一种激进的方法处理这种情况,只要双端读数中有一个读数被比对到多个位置,该双端读数及其比对信息就会被删除。SSPACE[143] 则只移除那些两个读数均被比对到多个位置的双端读数。MIP[144] 通过分析比对到同一个区域的双端读数特征,移除不一致的双端读数。为了判断 contig 是否是重复区,ScaffMatch[142] 首先计算 contig 的平均读数覆盖度,然后移除读数覆盖度过高的 contig。针对 contig 中可能包含的连接错误,SOPRA[145] 通过分析比对到同一个 contig 上的异常双端读数个数,进而推断是否包含连接错误。

（2）建立 scaffold 图

根据两个 contig 之间比对上的双端读数个数和比对信息（比对方向和比对位置），可以推断两个 contig 是否相邻，是否在同一个方向上以及相隔距离。MIP[144]，Bambus[146]，Bambus2[147]，Opera[148]，SSPACE[143] 和 scaffoldcaffolder[149] 等方法通过建立 scaffold 图反映 contig 之间的关联性，该图中以 contig 为节点，如果两个 contig 之间能够比对上的双端读数个数大于一个阈值，则在它们之间添加一条边。SCARPA[141] 则把每个 contig 对应两个节点，分别代表该 contig 的 3'端和 5'端，ScaffMatch[142] 中每个 contig 的正反链分别对应两个节点，然后再根据双端读数比对方向和个数确定哪些节点之间添加边。BESST[150] 根据比对到两个 contig 之间的双端读数，计算这两个 contig 之间距离的理论标准差和实际标准差之间的差异，以及双端读数在两个 contig 上的位置分布差异，推断两个 contig 之间是否应该添加一条边。上述方法中边的权重往往设为两个节点之间能够匹配上的双端读数个数。

（3）确定 contig 之间的方向和顺序关系

基于 scaffold 图，一些方法先推断 contig 之间的方向关系，然后再确定 contig 之间的顺序关系。另一些方法则从 scaffold 图上抽取路径，依据路径上的边确定 contig 之间的方向和顺序关系。SOPRA[145] 根据 scaffold 图中的边，设计 contig 之间的方向约束和距离约束。接着设计一种贪婪的启发式算法，通过删除最小权重的边集，找到一个 contig 方向分配方案满足所有剩下的方向约束。最后，在确定 contig 之间的顺序关系时，仍然是删除最小权重的边集，找到一个 contig 位置分配方案满足剩下的距离约束。SCARPA[141] 把确定 contig 之间的方向问题转化为最小奇数圈遍历问题，采用固定参数算法进行求解，通过删除一些边使 scaffold 图中不存在奇数圈。再通过线性规划方法分配给每个 contig 一个起始坐标，删除不符合距离约束的边。最后基于 scaffold 图采用启发式方法决定 contig 之间的顺序关系。scaffoldcaffolder[149] 将 contig 之间的方向确定问题转化为双向图中至少包含 k 条有向边的求解问题，并证明该问题是 NP-hard 的。然后根据最大生成树算法，设计了一种新的贪婪算法解决该问题，并和其他几种启发式算法在性能上进行比较。Bambus[146] 将 contig 方向推断问题转化为图着色问题。Bambus2[147] 通过删除图中最小权重的边，使图中不存在不一致的方向，接着利用最优线性组合模型求解 contig 之间的方向和顺序关系，并根据输出结果分析基因组变异可能发生的位点。MIP[144] 根据连通性对 scaffold 图进行划分，然后在每个子图上进行 scaffolding。针对 scaffold 图中的每条边，设计一种融合方向关系和顺序关系的综合约束，每条边的权重仍设置为两个 contig 之间能够匹配上的双端读数个数。SSPACE[143] 根据 scaffold 图的拓扑结构，从最长的 contig 开始扩展路径，当有多条边供后续扩展时，根据边的权重大小，设定了一种贪婪策略进行扩展。BESST[150] 在构建的 scaffold 图中，选出能够匹配最多双端读数的路径作为最终结果。Sahlin[151] 等人基于 BESST[150] 提出了一种新的 scaffolding 方法以解决读数文库中含有较大比例异常双端读数的问题。ScaffMatch[142] 把整个方向和顺序推断问题转化为图的最大权重无环二分匹配问题（maximum-weight acyclic 2-matching problem），删除一些边使该图中不存在环。在最终构建的无环图中，线性化 contig 节点。GRASS[152] 提供了一种混合整数规划方法使 contig 之间的方向和顺序推断规约到一个单独的优化目标中。SLIQ[153] 设计了一组线性不等式用来约束 contig 之间方向和顺序关系。SILP2[154] 利用最大似然模型去除可能错误的比对信息和发现读数覆盖度异常的区域,并采用整数线性规划方法求解。Briot[155]等人则在 scaffold 图上采用破圈的方法确定 contig 之间方向和顺序关系。WiseScaffolder[156]采用了一种需要人工干预的方式优化 scaffolding 方法。Weller[157]等人利用一种树分解方法对 contig 之间的方向和顺序关系进行求解。

除了以上基于双端读数的 scaffolding 方法外,还有一些研究者结合 optical mapping 数据推断 contig 之间的方向和顺序关系[158-164]。第三代测序技术产生的读数长度可以达到上万碱基,一些研究者采用长读数进行 scaffolding 方法研究,主要有 SSPACE-LongRead[165]、LINKS[166]、OPERA-LG[167]、Cerulean[168]、hybridSPades[169]、DBG2OLC[170] 和 AHA[171],但是长读数错误率太高并且 scaffolding 方法中的比对计算成本较大[172]。

Hi-C 读数是从染色质折叠的三维结构测序得到的,所以它具有明显的特征,即在一维距离上距离较近的两个片段,在三维结构中这两个片段距离也很近,比对的 Hi-C 读数的数目很多。根据这个特征,经过研究发现,Hi-C 读数的数目会随着一维距离的增加而递减的规律。利用这个规律,可以有效地判断 contig 的顺序和方向,有助于 scaffolding。Burton 等人利用 Hi-C 读数开发了一种新算法 LACHESIS[173],LACHESIS 分为了三个步骤:即聚类、排序和定向,聚类确定的是 contig 所属哪一条染色体,排序确定的是 contig 在染色体上的排列顺序,定向确定的是 contig 在染色体上的排列方向。Jay Ghurye 等人提出了一种基于 SALSA[174] 的新算法,称为 SALSA2[175]。SALSA2 算法使用混合图,将 Hi-C 连接信息和组装图结合起来以生成 scaffold。Olga Dudchenk 等人开发了一种称为 3D-DNA[176] 的 scaffolding 算法,以生成染色体长度的 scaffold。3D-DNA 算法首先识别并纠正输入 scaffold 中的组装错误。利用 contig 之间的接触频率对其进行聚类、排序和定向。

第三步:Gap 填充方法

高通量测序技术已经产生大量的 DNA 测序数据,并且已经开发了许多序列组装工具用于获得基因组 DNA 完整序列。然而,在最终组装结果中仍然存在空白(gap)区域。实际上,由于重复基因组中的区域,测序错误和不均匀的测序深度等问题,在最终组装结果中通常存在 gap 区域。然而,gap 区域可能对应基因编码或调控区域,其缺失严重影响下游的基因表达分析,基因调控分析,物种进化研究等。DNA 序列的完整和准确性对于生物学家的后续研究具有十分重要的意义。

Gap 填充方法能够填充基因组中的空白区域,使基因组序列更加完整,特别是对于一些较大的基因组。对于大部分 gap 填充方法,一般首先确定可能覆盖 gap 区域的读数集合,然后利用该读数集合构建 De Bruijn 图,并采用不同的策略抽取能够覆盖 gap 区域的路径。根据用于填充 gap 区域采用的测序数据类型,现有的 gap 填充方法可以分为两类:

(1)基于短读数的方法,其主要的思想是首先确定可能覆盖 gap 区域的读数集合,然后再进行组装以填补 gap 区域。IMAGE[177]方法首先收集读数集合,这些读数的另一端读数能够比对到 gap 区域两侧的区域,然后再使用 Velvet 组装方法对收集的读数集合进行组装以填充 gap 区域。GapCloser 是组装方法 SOAP2 的 gap 填充模块,GapCloser 方法针对一个 gap,首先确定一个读数集合,并在该读数集合中找到和该 gap 区域紧邻两端有重叠关系的读数,进行扩充。并在确定有重叠关系的读数时,GapCloser 加入了容错机制,并逐步去除掉可能错误的读数,提高 gap 填充的准确性。GapFiller[178]方法针对一个 gap 区域,首先根据 insert size 大小确定能够落在 gap 区域的读数集合,并利用该读数集合生成 k-mer 集合,然后从 gap 区域紧邻两端序列进行扩展,找到和这些起始序列具有重叠关系的 k-mer,如果只有一种 k-mer,则该 k-mer 合并到当前序列,并继续扩展。如果有多个 k-mer 和当前序列有重叠关系,则利用不同 k-mer 的频次大小确定合并哪个 k-mer,最终确定覆盖 gap 区域的序列。同时考虑实际 gap 区域长度和填充 gap 区域长度之间的一致性。FinIS[179]针对每个 gap 建立一个读数重叠图,其中每个节点代表一个读数,边代表两个节点之间具有一定的重叠,然后采用混合整数规划方法在该图中找到填补 gap 区域的最佳路径。Sealer[180]针对一个 gap,首先确定一个读数集合,然后利用布隆过滤器数据结构对不同长度的 k-mer 集合构建不同的 De Bruijn 图,在 De Bruijn 图中利用广度优先搜索寻找能够覆盖 gap 区域的路径,最终对这些路径进行融合并确定填充 gap 区域的序列。Gap2Seq[181]把 gap 区域填充问题转化为在 De Bruijn 图中寻找指定长度范围的路径问题,由于该问题是 NP-hard,因此Gap2Seq 采用一种简单的动态规划方法寻找近似解。

(2) 基于 contig 或长读数的 gap 填充方法,其基本思路是利用比对方法,把 contig 或者长读数和包含 gap 区域的序列进行比对,然后在 contig 或者长读数中找到可能覆盖 gap 区域的序列。这些方法主要利用 contig 和长读数长度比较长,可以跨越 gap 区域的特点。FGAP[182]依赖于 BLAST 来比对 contig 和包含 gap 区域的基因组序列,然后选择最佳的序列区域填充 gap 区域。GMcloser[183]设计一个概率估算模型,计算 contig 和包含 gap 的基因组序列之间比对上的可能性,选择比对到 gap 区域最大可能的 contig 或者长读数进行填充。GapBlaster[184]使用 BLAST 或 Mummer 比对工具,获得 contig 与基因组序列的比对结果。PBJelly[185]基于第三代测序技术产生的长读数对 gap 区域进行填充。此外,GAM-NGS[186]、GAA[187]、GARM[188]、CISA[189]、MAIA[190]、Minimus2[191]和 Mix[192]这几种方法主要通过不同序列组装产生的 contig 之间比对和合并也能达到填充 gap 的效果。

1.3.2　基于长读数的序列组装方法

利用长读数可以跨过基因组中大部分重复区的优势,研究长读数序列组装方法是当前热点之一。该类方法一般首先将长读数互相比对并识别长读数之间的重叠区,如一个较短的读数完全包含在一个较长的读数内或者两个长读数之间有相同的序列区域。最后通过不同的扩展策略对长读数进行组装。

目前已有的长读数自组装工具主要包括 HGAP[92]、PBcR[193]、Sprai[117]、MHAP[118]和Canu[101]等。HGAP[92]首先建立一个加权的有向无环图来表示比对在一起的多个长读数关联关系,通过找到图中的最大权重路径来找到一致序列,最后利用 Celera[111]组装纠错后的长读数。自组装的 PBcR 方法[193]通过 BLASR[194]软件识别长读数之间带有噪声的重叠区,利用重叠区对长读数进行纠错,最后同样利用 Celera[111]对纠错后的长读数进行组装。

Sprai[117]方法首先选择一定比例的任意长读数作为种子读数,利用比对程序将其他长读数比对到种子读数,从而对种子读数进行纠错,最后使用 Celera[111]组装纠错后的长读数。MHAP[118]方法提出了一个概率算法有效地识别带有噪声的长读数之间的重叠区,具体来说,将长读数中的 k-mer 通过哈希函数转换为整数,利用整数序列表示长读数,将长读数重叠区识别简化为整数序列比较问题,从而大幅减少长读数重叠区识别的时间。

长读数也可以用于 scaffolding 方法,SSPACE-LongRead[165]首先使用比对工具BLASR 将整个长读数与 contig 对齐。接下来,将得到的 contig 序列的链接信息,并利用它们对 contig 进行排序和定位,生成 scaffold。LINKS[166]不是用所有的长读数对齐到 contig,它首先从长读数中按照一定原则提取 k-mer 对。然后将这些 k-mer 对与 contig 进行比对,比对结果用于连接 contig。最后,根据链接的数量选择一个邻居 contig 作为它的正确邻居。SMSC[195] 首先使用比对工具将长读数比对到 contig 上,然后构造一个断点图,其中顶点是 contig,并添加一条边来表示长读数连接到了两个顶点。它将 scaffold 问题转化为断点图中的最大交替路径覆盖问题,并使用 2-近似算法解决了这个问题。

长读数也可以用于 gap 填充中,并已开发出多种工具。PBJelly[185] 采用 BLASR 对第三代测序技术产生的长读数和包含 gap 的 scaffold 进行比对,识别覆盖 gap 区域的长读数集合并基于 OLC 组装算法找到填充 gap 区域的最佳序列,同时考虑原始 scaffold 中 gap 长度和填充 gap 区域序列长度之间的一致性。LR_Gapcloser[196] 把每个长读数分成长度相同且有序的短片段,然后使用 BWA-MEM 算法将所有的短片段比对到包含 gap 区域的 scaffold 上。针对每个 gap 区域,确定一个长读数集合,并填充 gap 区域。如果 gap 区域未完全填充,则重复先前的过程。

1.4　序列组装评价方法

测序技术的快速发展已经大大促进了全基因组序列的研究水平,使科学家们能够解码以前未测序生物的全基因组序列。但是,由于基因组序列中存在重复区,测序技术存在测序错误以及测序不均衡等问题使通过序列组装方法获得完整的基因组序列仍然是一个非常困难的问题。不同的序列组装方法得到的结果都不太一样。因此,如何评价不同序列组装方法的性能是一项十分有益的工作。

虽然在序列组装结果中的碱基错误或者单核苷酸多态性(SNP)位点能够被许多已经开发的工具检测,比如 MAQ[197]、SAMtools[198]、SOAPsnp[199-200]、SNVmix[201]、GATK[202]、MaCH[203]、FaSD[204] 和 VarDict[205],但是,仍然存在很多组装错误会对后续的研究分析造成影响。这些组装错误往往是由基因组杂合性、重复区、低测序倍数以及组装方法本身的因素造成的。

Plantagora[206] 是一个基于网络平台的序列组装结果评价工具。研究人员可以运行 Plantagora 评估工具对自己的组装结果进行评价,但结果界面不太友好。Assemblathon[207] 在一百多个评价指标上比较了 41 个组装结果。Assemblathon 只能评估特定物种的序列组装结果,并且很难应用到其他物种的序列组装结果评价中。

GAGE[208] 分析了在序列组装结果的错误类型。GAGE 定义了组装错误类型,即在 contig 中相邻的两个序列片段,和他们在基因组参考序列上的位置和方向不一致。GAGE 把组装错误分为三种类型:反转、重定位和易位。反转是指这两个序列片段虽然在同一个参考基因组中的染色体上,但是它们的比对方向不一致。重定位是指这两个序列片段虽然在同一个参考基因中的染色体上,但是它们之间的间隔距离太大,或者方向和初始顺序不一致。易位是指这两个序列片段被比对到参考基因组序列中的不同的染色体上。同时,GAGE 也考虑两个片段之间的插入删除片段(Indel),即两个片段在参考基因组序列上的距离和其在组装结果上的距离不一致。而在计算 scaffold 中的组装错误时,首先把 scaffold 在 gap 区域打断,生成不同的 contig,把 contig 比对到参考基因组上,再计算不同 contig 在参考基因组上的顺序和方向关系。QUAST[209] 采用了和 GAGE 相似的方法,来定义错误组装类型。同时 QUAST 也定义了局部错误组装。即使没有参考基因组,QUAST 也能够评估序列组装的质量。还有一些其他的评价方法也采用相似的策略,比如 REAPR[210]、BUSCO[211]、misFinder[212] 和 Mauve[213] 等,序列组装评价指标如下表 1-1 所示内容。

表 1-1   序列组装评价指标

指 标	描 述
contig(scaffold)数目	序列组装结果中包含的 contig(scaffold)数目
最长 Contig(scaffold)	最长 contig(scaffold)的长度
Contig(scaffold)总长度	所有 contig(scaffold)长度之和
$N50$	$Max(L)$,其中 L 是一条 contig(或者 scaffold)的长度,并且满足所有长度大于等于 L 的 contig(或者 scaffold)之和大于等于所有 contig 长度之和的 50%
$NG50$	$Max(L)$,其中 L 是一条 contig(或者 scaffold)的长度,并且满足所有长度大于等于 L 的 contig(或者 scaffold)之和大于该物种参考基因组序列长度的 50%
组装错误	在 contig 或者 scaffold 比对到参考基因组序列时,发生的反转,重定位和易位等错误
覆盖度	在 contig 或者 scaffold 比对到参考基因组时,覆盖参考基因组序列的百分比
$CN50/NA50$	在发生组装错误的位置断开 contig 或者 scaffold,然后再重新计算 $N50$
$CNG50/NGA50$	在发生组装错误的位置断开 contig 或者 scaffold,然后再重新计算 $NG50$

通过不同的序列组装评价工具对不同序列组装方法的评估,可以发现数据质量,而不是序列组装方法本身,对基因组序列组装结果质量有重要的影响;第二,序列组装结果的准确性和连续性在不同的物种和不同数据集合上变化较大。

2 基于 insert size 和读数分布的序列组装方法

2.1 概　　述

序列组装方法往往从一个种子序列的左右端出发进行扩展,得到更长的 contig 或者 scaffold。而由于基因组中存在大量重复区,这导致在扩展过程中往往会遇到多个可扩展的候选序列,如何从多个可扩展候选序列中判断选择正确的一个是序列组装的核心问题。现在普遍采用的思路是基于读数重叠和双端读数比对个数,从多个候选序列中选择一个。但是,这种方法在面对一些复杂重复区时很难奏效。此外,测序错误可能产生错误的候选序列或者重复区,不均匀的测序会导致某些候选序列具有太少或太多的读数。所有上述这些问题使现有的大部分序列组装方法很难获得满意的组装结果。

本章将介绍一种序列组装方法 EPGA。该方法首先采用 De Bruijn 图存储 k-mer 之间的重叠关系,并采用多种策略对 De Bruijn 图进行优化,消除测序错误带来的影响,简化 De Bruijn 图结构。接着 EPGA 在 De Bruijn 图中选择种子序列并对其进行左右扩展,EPGA 使用新的打分函数评估每个可扩展的候选序列。该打分函数充分考虑了双端读数 insert size 分布和读数分布特征。其中,读数分布特征可以帮助判断发现由测序错误和短重复区引起的错误候选序列。通过评估双端读数 insert size 分布的变化,EPGA 可以解决由一些复杂重复区引起的错误候选序列。为了解决不均匀测序带来的问题,EPGA 使用相对比对值评估可扩展候选序列。在四个不同物种的真实测序数据集合上,EPGA 和其他几种流行的序列组装方法进行了比较,实验结果表明 EPGA 可以获得更满意的序列组装结果。同时,本章还介绍了一种消耗内存较低的序列组装方法 EPGA2。EPGA2 改进了 EP-GA 中的 k-mer 频次统计和 De Bruijn 图构建模块,大大降低了整个组装过程中的内存消耗。

2.2 基于 insert size 和读数分布的序列组装方法

本章中,双端读数 insert size 假定服从正态分布 $N(\mu_{is}, \sigma_{is})$[52-54],其中 μ_{is} 是 insert size 均值,σ_{is} 是 insert size 的标准差。令 r 表示读数长度,s 表示一个序列。$s[i]$ 是 s 中的第 i 个碱基。$s[i, j]$ 是 s 的子序列,即从第 i 个至第 j 个碱基的序列。$L(s)$ 是 s 的长度,$R(s)$ 是 s 中包含的读数集合。$RE(s)$ 是一个读数集合,其包含的读数都出现在读数文库中,同时也出现在 $R(s)$ 中。$RML(s)$ 是 $RE(s)$ 中具有左配偶读数的读数集合,$MRL(s)$ 即是对应的左配偶读数集合。$RMLM(s_i, s_j)$ 是 $RML(s_j)$ 中的读数,其左配偶读数能够比对到 s_i 上,并且这个双端读数之间的距离必须在区间 $[\mu_{is}-3\times\sigma_{is}, \mu_{is}+3\times\sigma_{is}]$ 上,$DL(s_i, s_j)$ 是相应的距离集合。$RMR(s)$、$MRR(s)$、$RMRM(s_i, s_j)$ 和 $DR(s_i, s_j)$ 都可以从右配偶读数的角度出发

得到。$|T|$ 是一个集合 T 的基数。

2.2.1 序列组装难点和解决思路

双端读数中包含的信息可以促进序列组装结果的完整性。因为双端读数可以跨越小于 insert size 大小的重复区。对于一个序列种子 s_s 和一个后续可扩展候选序列 s,可以通过分析 $MRL(s)$ 中的读数特征,来评价 s 的正确性。当在 $MRL(s)$ 中的读数可以被比对到 s_s,可以认为 s 是正确的。一个例子如图 2-1 所示。

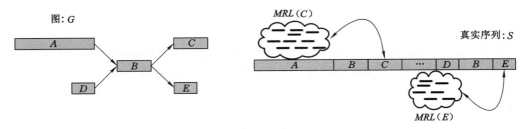

图 2-1 候选序列选择策略

在图 2-1 中,假设真实的序列为 $ABC\cdots DBE$,其中 A、B、C、D、E 都是序列片段。通过读数集合可以得到对应的图为 G。在图 G 中,以 A 为种子序列进行扩展,因为 A 只有一个出度节点 B,则 B 合并到 A 中,形成新的种子序列 AB,AB 的后续可扩展节点有两个 C 和 E。由于 $MRL(C)$ 中的读数能够比对到 A 上,而 $MRL(E)$ 中的读数不能比对到 AB 上,因此,可以判断 C 为正确的后续扩展节点。

尽管双端读数已经广泛应用到序列组装中,但是大部分序列组装方法的性能仍然不能令人满意。有三个主要因素使大多数序列组装方法很难识别正确的可扩展候选序列。

在图 2-2(a)中,假设真实序列是 $ABCBD$,C 的长度较小,则 B 是一个相邻重复区。通过测序读数构建的图为 G_1,当从 AB 开始扩展的时候,由于有两个可扩展候选节点 C 和 D。而 $MRL(C)$ 和 $MRL(D)$ 都能够比对到 A 上,因此,很难直接通过比对上的双端读数个数来判断哪个是正确的候选扩展节点。在图 2-2(b)中,两个真实序列是 $ABCD\cdots AECH$,其中可以看到 A,C 这两个序列片段成对重复出现,则称 A,C 为成对重复区。其通过测序读数构建的图为 G_2。当种子序列为 ABC 时,则可扩展的候选序列是 D 和 H,此时,$MRL(D)$ 和 $MRL(H)$ 都能够比对到 A 上,因此,也很难判定哪个是正确的候选扩展节点。

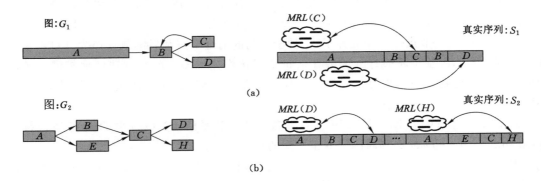

图 2-2 相邻重复区和成对重复区

（1）相邻重复区和成对重复区：对于两个相同的区域 B，如果两者在基因组 DNA 序列上的间隔距离很小，本书定义它是相邻重复区域，如图 2-2(a) 所示。对于两个区域 A 和 C，如果 A 和 C 在基因组 DNA 序列上的距离和 insert size 接近，并且重复在基因组 DNA 序列中出现，本书定义 A 和 C 形成一个成对重复区，如图 2-2（b）所示。在序列组装的过程中，如果遇到相邻重复区或者成对重复区，则其上游或下游邻近的区域很难确定，因为所有可扩展候选序列的 MRL 或 MRR 中的大部分读数都可以比对到种子序列上。

（2）测序错误：测序错误常常会引入一些错误的可扩展候选项，这会增加解决重复区问题的难度。

（3）不均匀的测序深度：一个序列区域的测序深度取决于能够比对到该区域的读数个数。因为在基因组中不同区域的测序深度普遍不均匀。往往没有或很少的读数可以比对到低测序深度区域，但是在高测序深度区域往往能够比对上非常多的读数。不均匀测序问题，也加剧了前面两个问题的解决难度。

在图 2-2(a) 中，对于由 A 和 B 合并得到的种子序列 AB，以及可扩展候选节点 C，$DL(AB,C)$ 中的距离值应该符合分布 $N(\mu_{is},\sigma_{is})$。D 是种子序列 $ABCB$ 的正确可扩展候选序列，而 AB 和 $ABCB$ 之间的长度差异是 $L(C)+L(B)$。当 D 被认为是 AB 种子序列的可扩展序列时，则 $DL(AB,D)$ 中的距离值将符合 $N(\mu_{is}-L(B)-L(C),\sigma_{is})$ 分布。在图 2-2(b) 中，$DL(ABC,D)$ 中的距离值应该符合分布 $N(\mu_{is},\sigma_{is})$，因为 H 是种子序列 AEC 的正确扩展序列，ABC 和 AEC 之间的长度差异是 $L(E)-L(B)$。$DL(ABC,H)$ 中的距离将符合 $N(\mu_{is}-L(E)+L(B),\sigma_{is})$ 分布。很显然，可以通过评估 DL 中的距离值是否符合 $N(\mu_{is},\sigma_{is})$ 分布来分析确定可扩展候选者是否正确。

对于一个固定长度的序列 s，$R(s)$ 包括 $L(s)-r+1$ 个读数。由于测序深度不均衡问题，$R(s)$ 中的一些读数可能不会出现在读数文库中。$|RE(s)|$ 通常小于 $|R(s)|$。由于测序的随机性，$|RE(s)|$ 是一个随机变量，其分布称为读数分布。$|RE(s)|$ 的取值范围应该在一个合理的范围内。P 是一个读数被测序到的概率，读数分布应该大致符合二项式分布。可以通过二项式分布确定一个合理取值范围，如果 $|RE(s)|$ 超出这个范围，本书认为 s 包含错误碱基。

如果测序深度均匀、测序深度足够大，并且没有测序错误，基因组 DNA 序列则对应 De Bruijn 图中的一条路径。但是，由于不均匀的测序深度和测序错误，路径不可避免地被分割成许多不连续的子路径。所以，序列组装通过分析 De Bruijn 图的结构，并输出对应于基因组 DNA 序列的子路径。本章提出了一个新的序列组装方法，称为 EPGA。EPGA 选择 De Bruijn 中的一些节点作为序列种子，把种子序列的前继节点和后续节点作为其可扩展的候选序列。EPGA 基于新的打分函数评估每个候选序列。EPGA 通过迭代地扩展种子序列的左右两端得到 contig 集合。对于一个序列种子 s_s，其下游扩展候选 s 和评估区域 s_e，EPGA 采用以下三个新策略：

为了解决问题（1），EPGA 采用判决系数（CD）来评估 $DL(s_s)$ 中的距离是否符合 $N(\mu_{is},\sigma_{is})$ 分布。CD 能够判断两个分布之间的拟合程度。

为了解决问题（2），基于读取分布，EPGA 通过判断 $|RE(s_e)|$ 是否在一个合理的取值范围，以识别 s 是否是正确的可扩展序列。

为了解决问题（3），EPGA 通过相对比值（RM）来评估可扩展候选序列。相对比值是

$RMLM(s_s,s_e)$ 和 $RML(s_e)$ 之间的比值。相对比值可以保证正确的可扩展候选序列,无论其测序深度是多少都可以被赋予一个较高的得分值。

EPGA 主要采用了两种新的组装思想:① EPGA 通过考虑读数分布以识别一个可扩展候选序列中是否包含测序错误,而不仅仅是使用 k-mer 频率;② 基于双端读数的 insert size 分布,EPGA 设计了一个新的打分函数来克服部分复杂重复区带来的问题。

2.2.2 方法框架

如图 2-3 所示,基于 insert size 和读数分布的序列组装方法(EPGA)包含五个步骤。根据输入的双端读数文库,EPGA 首先统计双端读数文库中每个 k-mer 的出现频次,并选择大于一定阈值的 k-mer 构建 De Bruijn 图。然后,EPGA 合并 De Bruijn 图中的简单路径,并删除 De Bruijn 图中的末梢节点。在优化后的 De Bruijn 图中选择长度大于一定阈值的节点作为种子序列,将其在 De Bruijn 图中的后继和前驱节点作为其候选扩展序列,EPGA 利用新的打分函数对每个候选扩展序列进行评价,并选择正确的候选扩展序列进行合并。迭代整个扩展过程,直到其终止条件,形成 contig 集合。然后,采用一种简单的启发式方法,确定这些 contig 之间的方向和顺序关系。最后,通过搜集可能覆盖每个 gap 的读数,对 gap

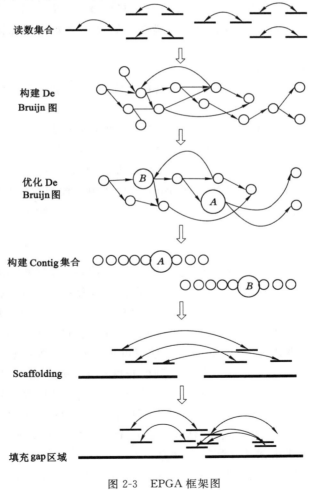

读数集合

构建 De
Bruijn 图

优化 De
Bruijn 图

构建 Contig 集合

Scaffolding

填充 gap 区域

图 2-3 EPGA 框架图

区域进行填充。

2.2.3 构建和优化 De Bruijn 图

读入 fasta 格式的双端读数文库,双端读数文库中的每个读数的长度相同,并且双端读数的左右读数依次出现在文库中,并且分别对应于正反链。在所有文库中只存在四种碱基 $\{A,T,G,C\}$。每个读数都是一个长度一定的字符串。每个 k-mer 是长度为 k 的字符串。长度为 r 的读数共存在 $r-k+1$ 个 k-mer。在初始 De Bruijn 图中每个节点对应于一个 k-mer。

依次读取每条读数,针对每条读数的 $r-k+1$ 个 k-mer 分别在 De Bruijn 图中找到该 k-mer 的位置,如果该 k-mer 不存在,则在 De Bruijn 图中添加该节点。每两个在该读数中相邻的 k-mer,即一个 k-mer 的最后 $k-1$ 个碱基和另一个 k-mer 的前 $k-1$ 个碱基相同,则这两个 k-mer 之间连接一条有向边。当遍历完所有的读数时,初始的 De Bruijn 图建立完成。k 值的大小对于 De Bruijn 图的结构有重要的影响,较大的 k 值会减少一些短重复区的影响,但是降低了 De Bruijn 的连通性,会使组装结果比较离散。较小的 k 值会增加 De Bruijn 的连通性,但是会引入更多的重复区,增加组装难度。因此,k 值不能太大或太小,一般取读数长度的 2/3。为了确保每个 k-mer 不会是其自身的反向互补序列,k 设定为奇数。

EPGA 采取了一种简单的策略避免测序错误。如果一个 k-mer 在读数文库中出现的频率超过 1,则在构建 De Bruijn 图时将考虑该 k-mer,否则,该 k-mer 将被认为包含测序错误,并不用来构建 De Bruijn 图。

在获得原始的 De Bruijn 图之后,通常可以基于其拓扑结构进行优化。首先,如果一个路径中的节点除了起始节点和终止节点外,其他中间节点均只有一个入度节点和出度节点,该路径将被命名为简单路径并且合并到一个节点。简单路径合并后,一些末梢节点(即其出度和入度之和小于等于 1 的节点),如果其长度小于 $2 \times k$ 则可以删除。末梢节点通常由测序错误产生的读数和 gap 区域造成。一些序列组装方法通常合并一个 Bubble 节点到一个路径,这可以简化 De Bruijn 图。然而,一些 Bubble 可能由单核苷酸多态性引起或相似的序列造成的,所以本书不删除 Bubble 节点。经过这些优化后,一个最终 De Bruijn 图被构建出来,并将用于以下步骤。

2.2.4 构建 contig 集合

在构建 contig 集合时,序列种子被用作起始节点扩展它们的上游和下游区域。在 De Bruijn 图中,EPGA 选择长度大于 insert size 的节点作为种子节点。种子序列中的最后一个节点的所有后继节点都是该种子序列的下游可扩展候选序列。种子序列中的第一个节点的所有前驱节点都是该种子序列的上游可扩展候选序列。可扩展候选序列的长度应该大于最小长度(len_{min}),其默认为 $2 \times k$,这样可以使得可扩展候选序列能够包括足够多的读数和配偶读数以评估自身。当一个扩展候选序列的长度小于 len_{min} 时,将以可扩展候选节点作为起始节点,采用深度优先搜索(DFS)算法来获得比 len_{min} 更长的路径。当一个路径长度大于 len_{min} 或搜索深度大于最大深度阈值时,则停止搜索。DFS 通常将产生多个二级可扩展的候选序列(即路径)。EPGA 将评估和计算每个二级可扩展候选路径的得分值,并选择最高得分值作为该可扩展候选序列的得分值。

接下来,EPGA 基于双端读数的 insert size 分布设计了一个新的打分函数。通过使用新的打分函数,由相邻和成对重复区造成的一些问题,可以在组装过程中得到解决。

对于给定的序列种子(s_s)及其一个下游可扩展候选序列(s),它们有$k-1$个碱基的重叠。s_s的最后$r-1$个碱基首先合并到可扩展候选序列s中。然后该可扩展候选序列的前$r-k+len_{\min}$个碱基当作其评估区域s_e。一个可扩展候选序列对应一个评估区域。然后,$EPGA$可以得到$RE(s_e)$、$RML(s_e)$、$RMLM(s_e)$、$DL(s_s,s_e)$。示例见图2-4所示。

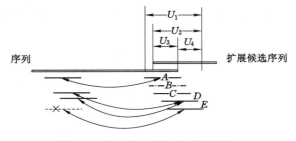

图 2-4　扩展候选序列评估示例

在图2-4中对应一个扩展候选序列,其和种子序列的重叠区域为U_3,U_1对应的是评估区域s_e,U_2是长度为$len_{\min}$的区域,U_4对应的二级扩展的长度。A、B、C、D和E是s_e中的五个读数。$RE(s_e)$包含A、C、D和E四个读数,其中B不存在于读数文库中。而A、D和E具有左配偶读数,因此$RML(s_e)$包含这三个读数。E的左配偶读数无法比对到种子序列上,$RMLM(s_e)$只包含A和D,注意D有两个左配偶读数。根据$RMLM(s_e)$可以计算$DL(s_s,s_e)$。

$EPGA$使用式(2-1)来计算RM值,并用来评估可扩展候选序列。RM的取值范围总是在$[0,1]$区间上。当正确的可扩展候选序列在高测序深度区域或低测序深度区域时,其$|RML(s_e)|$和$|RMLM(s_s,s_e)|$将同时增加或减少。所以,RM可以保证给予正确的可扩展候选序列一个高得分值。因此,只要一个可扩展候选序列的RM值较高,$EPGA$认为它是正确的概率也较高。

$$RM(s_s,s_e)=\frac{|RMLM(s_s,s_e)|}{|RML(s_e)|} \tag{2-1}$$

此外,距离集合$DL(s_s,s_e)$被用来解决由相邻和成对重复区带来的问题。$EPGA$使用公式(2-2)来计算CD值,CD值能够评价在$DL(s_s,s_e)$中的距离值是否符合$N(\mu_{is},\sigma_{is})$分布。为了计算CD,$EPGA$要进行一个分区。如果$EPGA$设置太多的区间,则$DL(s_s,s_e)$应包括更多的距离值并且s_e需要处在一个高测序深度区域。如果$EPGA$设置的区间太少,CD无法正确评价两个分布之间拟合度。为了平衡测序深度和准确度,$EPGA$设置六个间隔区间:$(-\infty,\mu_{is}-2\times\sigma_{is})$、$[\mu_{is}-2\times\sigma_{is},\ \mu_{is}-\sigma_{is})$、$[\mu_{is}-\sigma_{is},\mu_{is})$、$[\mu_{is},\ \mu_{is}+\sigma_{is})$、$[\mu_{is}+\sigma_{is},\ \mu_{is}+2\times\sigma_{is})$和$[\mu_{is}+2\times\sigma_{is},+\infty)$。在式(2-2)中,$x$是距离集合的大小。$n$等于$6$,$x_i$是第$i$个区间内的距离值的个数。$p_i$是正态分布$N(\mu_{is},\sigma_{is})$中第$i$个区间的概率。

$$y_i=x\times p_i \tag{2-2}$$

$$CD(s_s,s_e)=\frac{\left(\sum_{i=1}^{n}x_iy_i\right)^2}{\left(\sum_{i=1}^{n}x_i\sum_{i=1}^{n}y_i\right)^2} \tag{2-3}$$

此外,$EPGA$使用$|RE(s_e)|$来识别错误的可扩展候选序列。对于每个评估区域,

$|RE(s_e)|$是一个随机变量 X 的特定值，X 近似服从二项式分布 $B(len_{min}-k+1,P)$。P 是读数被测序到的概率，$EPGA$ 用 $|RE(s_n)|$ 与 $|R(s_n)|$ 之间的比值作为它的估计值，s_n 是最长的序列种子。对于一个评估区域，有 $len_{min}-k+1$ 个读数。X 的期望值为 $(len_{min}-k+1)\times P$，由 μ_r 表示，X 的标准差为 $\sqrt{(len_{min}-k+1)\times P\times(1-P)}$，由 σ_r 表示。如果一个评估区域的 $|RE|$ 超过取值范围 $[\mu_r-4\times\sigma_r,\mu_r+4\times\sigma_r]$，由 Dr 表示，$EPGA$ 给它一个罚分值(PS)。

$$PS(s_s,s_e)=(1-CD)\times c\times d \tag{2-4}$$

$$c=\frac{AKF_s}{AKF_2} \tag{2-5}$$

$$d=\frac{|\mu_r-|RE(s_e)||}{\sigma_r} \tag{2-6}$$

$$S(s_s,s_e)=\begin{cases} RM(s_s,s_e)\times\sqrt{CD(s_s,s_e)},\text{if }|RE|\in Dr \\ RM(s_s,s_e)\times\sqrt{CD(s_s,s_e)}-PS(s_s,s_e),\text{else} \end{cases} \tag{2-7}$$

在公式(2-5)中，AKF_s 是可扩展候选序列中 k-mer 的平均频率(图 2-4 中的 U_1)。AKF_2 是整个读数文库中 k-mer 的平均频率。在等式(2-6)中，d 衡量了 $|RE|$ 偏离正常区间的程度。每个可扩展候选序列由公式(2-7)计算得到。

当有多个读数文库时，$EPGA$ 将同时使用它们以对可扩展候选序列进行打分，而不是把长 insert size 文库只用在 scaffolding 和 gap 填充步骤。只要序列种子达到比一个读数文库的 insert size 更长，则这个读数文库将用在评估可扩展候选序列中。对于一个序列种子，如果只有一个可扩展候选序列，该可扩展候选序列被直接添加到序列种子中。如果有多个可扩展候选序列，$EPGA$ 则基于公式(2-7)对每个可扩展候选序列打分，并选择得分值最高的可扩展候选序列 s_1 和 s_2(s_1 具有最大分数)。如果 s_1 和 s_2 的得分值相似或较高，则结束扩展处理。否则，s_1 附加到序列种子中，并继续扩展过程。上游扩展可以使用相同的方法。扩展过程停止的原因包括：① 测序错误不仅导致 De Bruijn 图中存在错误节点或边，也可能导致一些评估区域缺少相应的读数。② 在一些低测序深度区域，可能没有可扩展的候选序列。当从上游和下游角度，扩展完所有的序列种子后，$EPGA$ 获得一个 contig 集合。contig 的长度并没有限制，有些可能比较长，有些可能相对较短。

由于在延伸序列种子过程中，在遇到重复区时，可能很难从一个延伸方向选择正确的扩展候选序列，然而，从另一个扩展方向可能很容易确定该重复区的可扩展候选序列，因此得到的 contig 集合可能包含一些冗余的序列区域。因此 $EPGA$ 需要检测 contig 集合中两两 contig 之间是否可以合并。$EPGA$ 并不是把两个 contig 的末端作为一个整体来判断它们是否可以合并，$EPGA$ 将两个 contig 的末端分成一些短子区间。这种方法可以从两个 contig 末端中提取非重复区，并消除由部分重复区产生的问题。

$EPGA$ 首先识别 contig 之间的重叠部分，并判断两个 contig 是否可以合并在一起。当一个短的 contig 包括在另一长的 contig 中时，则删除短 contig。一旦两个 contig(C_1 和 C_r)具有重叠区域 C_{ol}，并且长度为 len_{ol}，$EPGA$ 暂时将它们合并在一起形成一个新的 contig：C_{new}。C_{new} 由三个区域 C_{ll}，C_{ol} 和 C_{rr} 组成。当 C_1 删除 C_{ol} 之后，剩余区域为 C_{ll}。C_r 删除 C_{ol} 后，剩余区域是 C_{rr}。然后，$EPGA$ 提取 C_{rr} 起始长度为 $\mu_{is}-len_{ol}$ 和 C_{ll} 末尾长度为

$\mu_{is}-len_{ol}$ 的两个区间作为两个测试区域。测试区域被划分为长度更小一些的短子区域。并且,每个子区域被认为是扩展候选序列,EPGA 通过公式(2-1)计算它们的 RM。如果所属子区域上的 RM 大于最小值 a,C_{new} 保留,C_1 和 C_r 被删除,否则 EPGA 删除 C_{new} 并留下 C_1 和 C_r。一个示例如图 2-5 所示。当 len_{ol} 长于所有读数文库的 insert size 时,两个 contig 将直接合并。

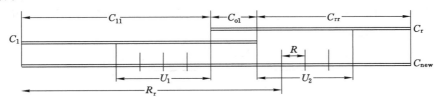

图 2-5　两个 Contig 合并示例图

2.2.5　Scaffolding

在此步骤中,EPGA 建立 scaffold 图,确定所有 contig 之间的先后顺序。根据上一步构建的 contig 集合,EPGA 将构建一个 scaffold 图,其中每个节点是一个 contig,每个边表示两个连接的节点是在基因组序列上是相邻的。在 scaffolding 过程中,第一步是确定每个 contig 的左邻居和右邻居。EPGA 假设每个 contig 只有一个左邻居,只有一个右邻居。对于两个 contig:u 和 v,它俩之间的 gap 距离 len_{gap} 由分别比对到 u 和 v 的双端读数来估计。EPGA 从 u 末端中提取长度为 $\mu_{is}-len_{gap}$ 和 v 起始长度为 $\mu_{is}-len_{gap}$ 的两个区域作为测试区域。为了消除由重复区域引起的问题,测试区域被分割成一些短的子区域,将用于对 u 和 v 之间是否添加边进行评估。u 的每个子区域被视为候选序列,和 v 作为种子序列,如果任何子区域的 RM 低于最小值 a,该过程将被终止并且 u 和 v 之间没有边连接,否则,EPGA 计算所有子区域的平均 RM 值。获得所有和 u 存在连接的 contig 的平均分数,EPGA 选择具有最高分数的 contig 作为其右邻居,并添加一条边连接 u 和其右邻居。当处理完所有节点后,将构建成一个 scaffold 图。第二个步骤是删除 scaffold 图中的错误边。如果 u 的右邻居是 v,然而,v 的左邻居不是 u,则边 (u,v) 是一个错误的边,该边将被删除。最后,基于 scaffold 图,EPGA 抽取所有的简单路径,并形成 scaffold。

2.2.6　Gap 填充

Scaffold 图中连接节点之间的 gap 区域通常是低测序深度区域或更复杂的重复区域造成的。如果 gap 区域处在低测序深度区域,contig 不能通过 De Bruijn 图找到一条路径覆盖该 gap 区域。如果 gap 区域是更复杂的区域,则很难选择合适的路径覆盖该 gap 区域。对于填充一个 gap,EPGA 将迭代地改变 k-mer 长度,以构造新的 De Bruijn 图。当 k 的值变为更大,在 De Bruijn 图中将有较少的连通性,可以消除一些重复区域。当 k 变小时,De Bruijn 图将获得较大连通性,并且低的测序深度区域将被连接。

对于 scaffold 图中的两个节点 C_1 和 C_r,EPGA 将首先收集一个本地读数集合,其对偶读数可以比对到 C_1 和 C_r 上。然后,EPGA 迭代地将 k-mer 从 k_{max} 改变为 k_{min},并基于本地读数集合来创建子 De Bruijn 图。在默认情况下,k_{max} 等于 $k+4$,k_{min} 等于 $k-4$。在子 De Bruijn 图中,EPGA 首先找到两个节点 $node_1$ 和 $node_2$。$node_1$ 是对应到 C_1 的右端,$node_2$ 对应到 C_r 的左端。从 $node_1$ 开始,EPGA 使用 DFS 方法找到所有可能连接 $node_1$ 和 $node_2$

的路径。在该过程中,C_1 被视为原始序列种子。扩展种子序列时,EPGA 不仅计算可扩展候选序列和序列种子之间的得分,也计算可扩展候选序列和 C_r 之间的 RM 值。如果一个可扩展候选序列的得分为小于最小值 a,或者延伸长度大于 gap 距离,或者可扩展候选序列是 v,则这个路径搜索将终止。最后,如果只有一条路径连接 C_1 和 C_r,则 gap 将由该路径填充。如果有多个路径,gap 将由'N'填充。当没有找到路径时,那么 EPGA 基于较小的 k-mer 构建新的子 De Bruijn 图,并重复上述 gap 填充的步骤。该过程在图 2-6 中示出。

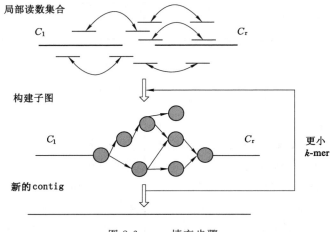

图 2-6 gap 填充步骤

2.3 实验数据

为了验证 EPGA 在真实测序数据上的效果,EPGA 在四个不同物种上进行验证,包括两组细菌 Staphylococcus aureus(S. aureus)和 Escherichia coli(E. coli),两组真菌 Schizosaccharomyces pombe (S. pombe)和 Neurospora crassa(N. crassa),测序技术采用第二代测序技术的 Illumina 技术,这些数据集由 AllPath2[206] 提供。下表 2-1 显示了这些读数文库的相关属性特征。每个物种都包含一个 insert size 较小和一个 insert size 较大的双端读数文库。

表 2-1 数据集属性

物种	S. aureus		E. coli		S. pombe		N. crassa	
基因组长度/M	~2.9		~4.6		12.5		39.2	
染色体个数	3		1		4		251	
文库数	2		2		2		2	
读数长度/bp	35	26	35	26	35	26	37	26
读数数目/M	~11.0	~7.7	~30.0	~10.8	~30.0	~10.8	~30.0	~10.8
Insert size/bp	~220	~3 900	~220	~3 800	~220	~3 800	~220	~3 800
覆盖倍数	~130	~70	~230	~60	~230	~60	~230	~60

2.4 打分函数有效性分析

为了验证 EPGA 中打分函数的有效性,分别验证了读数分布、相对比值和判决系数的特征。

对于一个基因组参考序列 gr,SR 是所有在其上的长度为 len 的子序列集合,其中 $len=r+k$。在 SR 中的每个子区域 s_{sr} 上具有一个对应的种子序列 s_{srs},其是子区域的上游区域并且长度为 $\mu+3\times\sigma-1$。一些在 gr 起始区域 $[0,\mu+3\times\sigma-1]$ 上的子区域没有对应的种子序列。每个子区域和其种子序列有长度为 $r-1$ 的重叠区域。在组装过程中,对于一个种子序列对应的所有的可扩展候选序列,它们的前 $r-1$ 个碱基是相同的,只是第 r 个碱基不同。因此对 SR 中的所有子区域,随机改变它们的第 r 个碱基,并使这些错误的子区域包含在一个集合 FSR 中。对于一个在 SR 中的子区域,其在 FSR 中相应的子区域被视为一个错误的可扩展候选序列。

2.4.1 读数分布特征

基于基因组的 SR 和 FSR 两个集合测试读数的分布特征。一个读数能够被测序到的概率 P 可以通过 $|RE(gr)|$ 和 $|R(gr)|$ 之间的比值得到。在 $EPGA$ 中,概率 P 由 $|RE(s_n)|$ 和 $|R(s_n)|$(由 P_n 表示)的比率得到,其中 s_n 是 De Bruijn 中最长的节点。如下表 2-2 所示,P_n 和 P 的值非常接近,因此验证了 EPGA 估计方法的有效性。假设读数分布符合二项式分布,则 $|RE(s_{sr})|$ 不在区间 $[\mu_r-4\times\sigma_r,\mu_r+4\times\sigma_r]$($D_r$)概率应该小于 5%,其中 μ_r 为 $len\times P_n$,σ_r 为 $len\times P_n\times(1-P_n)$ 的开根号。为了测试 SR 中的每个子区域的 $|RE|$ 是否在 Dr 这个区间中,计算在 SR 中每个子区域的 $|RE|$,以及在 Dr 中子区域的百分比(由 P_c 表示)。此外,也计算 FSR 中每个子区域的 $|RE|$ 以及在 Dr 中的百分比(由 P_f 表示)。对于所有参考基因组,P_c 的最小值为 0.956 7,P_f 的最大值为 0.003 6。所以,判断一个子区域 s_{sr} 是否正确,可以通过使用 $|RE(s_{sr})|$ 和 D_r。

表 2-2 读数分布特征

物种	P_n	P	len	$|SR|$	P_c	P_f
S. aureus[1]	0.839	0.835	56	2 903 002	0.996 1	0.000 2
S. aureus[2]	0.715	0.727	47	2 903 029	0.997 9	0.000 3
E. coli[1]	0.852	0.918	56	4 638 867	0.965 5	0.000 1
E. coli[2]	0.681	0.729	47	4 638 876	0.997 5	0.000 2
S. pombe[1]	0.805	0.818	56	12 554 178	0.989 6	0.000 8
S. pombe[2]	0.901	0.883	47	12 554 214	0.995 2	0.000 8
N. crassa[1]	0.661	0.662	58	39 216 548	0.956 7	0.000 7
N. crassa[2]	0.643	0.609	47	39 219 309	0.996 1	0.003 6

2.4.2 判决系数(CD)和相对比值(RM)特征

此外,对 RM 和 CD 区分正确和错误可扩展候选序列的有效性进行验证。对于 SR 和 FSR 中的子区域和它们相应的种子序列,根据前面的计算公式,计算它们的 RM 和 CD。

SR 中的子区域被视为正确的可扩展候选序列，FSR 中的子区域当作错误的可扩展候选序列。计算 $RM(\mu_{rm})$ 的平均值、$RM(S_{rm}^2)$ 的方差、$CD(\mu_{cd})$ 的平均值和 $CD(S_{cd}^2)$ 的方差。具体统计特征见下表 2-3、表 2-4 所示，可以发现对于 SR 中的子区域最小的 μ_{rm} 是 0.865 0 和最小 μ_{cd} 为 0.478 1。对于 FSR 中的子区域，最大的 μ_{rm} 是 0.043 0，最大 μ_{cd} 为 0.018 8。此外，S_{rm}^2 和 S_{cd}^2 都比较小。因此，RM 和 CD 可以用作两个显著特征区分正确和错误可扩展候选序列。

表 2-3　RM 统计特征

物种	SR 中的子区域		FSR 中的子区域	
	μ_{rm}	S_{rm}^2	μ_{rm}	S_{rm}^2
S. aureus[1]	0.909 6	0.009 3	0.032 8	0.031 7
S. aureus[2]	0.953 7	0.006 9	0.012 75	0.012 5
E. coli[1]	0.897 7	0.013 97	0.041 5	0.039 8
E. coli[2]	0.954 4	0.007 4	0.009 7	0.009 6
S. pombe[1]	0.865	0.016 8	0.043	0.041 2
S. pombe[2]	0.951	0.006 3	0.032 3	0.031 3
N. crassa[1]	0.791	0.044 4	0.032 3	0.031 3
N. crassa[2]	0.906 2	0.021 2	0.020 7	0.020 3

表 2-4　CD 统计特征

物种	SR 中的子区域		FSR 中的子区域	
	μ_{cd}	S_{cd}^2	μ_{cd}	S_{cd}^2
S. aureus[1]	0.529 1	0.008	0.010 9	0.004 4
S. aureus[2]	0.759 3	0.013 9	0.004 9	0.002
E. coli[1]	0.742 2	0.015 3	0.018 8	0.008 4
E. coli[2]	0.792 7	0.014 5	0.003 4	0.001 4
S. pombe[1]	0.706 9	0.029 1	0.018 6	0.008 6
S. pombe[2]	0.765 4	0.012	0.013 8	0.006 1
N. crassa[1]	0.478 1	0.013	0.014	0.005 8
N. crassa[2]	0.906 2	0.021 2	0.020 7	0.020 3

（1 和 2 分别代表相应的第一个和第二个读数文库）

2.5　实验结果

本章采用 GAGE 提供的评价指标来衡量序列组装结果的连续性和完整性。连续性通过 contig（或 scaffods）的数量、N50 的长度、最长 contig（或 scaffold）的长度来判断。完整性通过两个覆盖度来衡量（Cov-R 和 Cov-O），Cov-R 是参考基因组序列被 contig（或 scaffold）覆盖的比例，Cov-O 是 contig（或 scaffold）被参考基因组覆盖的比例。同时 GAGE 包括校正分析,对于校正分析,GAGE 把错误类型分成三个类型:① contig(或 scaffods)的一部分相对于参考基因组序列反转;② contig(或 scaffods)相对于参考基因组位置顺序关系发生了变化;③ contig(或 scaffods)在染色体之间放生易位。并且在计算 $N50$ 时,GAGE 使 contig(或 scaffods)在每个错误位点断开,重新计算 $N50$,得到修正后的 $N50$,即 $CN50$。本章同其他比较常见的序列组装方法进行了比较,包括 Velvet[125]、SOAP2[132]、Abyss[126]、AllPath2[214] 和 PE-Assembler[215]。

(1) S. aureus 组装结果

S. aureus 这个物种的基因组不长,通常被用作一个组装工具的测试对象。关于 S. aureus 的组装结果如表 2-5 和表 2-6 所示。

表 2-5   S. aureus 的 contig 评价结果

工具	个数	最长长度	$N50$/kb	错误个数	$CN50$/kb	Cov-R/%	Cov-O/%
Velvet	90	312.9	169.2	36	59.8	99.61	99.43
SOAP2	581	43	10.4	1	10.30	98.13	94.71
Abyss	52	274	144.7	9	104.20	99.68	98.73
PE	72	191.8	92.1	7	92.10	99.60	100
AllPath2	19	1 124.7	385.8	1	385.8	99.52	99.96
EPGA	22	956.4	220.3	9	220.3	99.68	100

表 2-6   S. aureus 的 scaffold 评价结果

工具	个数	最长长度	$N50$/kb	错误个数	$CN50$/kb	Cov-R/%	Cov-O/%
Velvet	49	1 133.1	1 091.9	49	284.6	99.45	97.48
SOAP2	53	924.1	652.1	15	239.6	98.23	96.40
Abyss	31	634.3	357	0	356.9	99.62	98.25
PE	25	600.6	323.5	0	323.5	99.82	99.99
AllPath2	12	1 377.4	611.6	0	611.2	99.72	99.97
EPGA	5	1 480	1 480	1	597.3	99.69	99.80

对于 contig 和 scaffold,EPGA 和 AllPath2 产生很少的 contig 和 scaffold,在 scaffolding 后,其他的组装工具产生了更长 scaffold。Velvet 和 SOAPDenovo2 具有更多的错误,所以导致 $CN50$ 较短。虽然 AllPath2 有最长的校正 $CN50$,但是 AllPath2 的覆盖度小于 EPGA;EPGA 产生较少的 scaffold,EPGA 的 $CN50$ 也是非常接近 AllPath2。

(2) E. coli 组装结果

E. coli 这个物种的基因组长度达到约 4.6 M。各个序列组装方法的结果列在表 2-7 和表 2-8 中。对于 contig 和 scaffold,EPGA 和 AllPath2 的表现都优于其他序列组装方法。从表 2-7 和表 2-8 中可以看出,EPGA 和 AllPath2 都产生了较少的 contig 和 scaffold。虽然 AllPath2 有最长的 scaffold,但是 EPGA 的 $CN50$ 比 AllPath2 更优,说明 EPGA 能够产生更长和更准确的 scaffold。同时 EPGA 具有 contig 的最佳覆盖度和 scaffold 的最佳 Cov-R,这说明 EPGA 产生的 contig 和 scaffold 结果比较完整。SOAPDenovo2 有最少的 contig 错误,但 scaffold 中的错误太多,因此其最终的 $CN50$ 并不理想。

表 2-7　E. coli 的 contig 评价结果

工具	个数	最长长度	$N50$/kb	错误个数	$CN50$/kb	$Cov\text{-}R$/%	$Cov\text{-}O$/%
Velvet	154	391.7	76	36	53.2	99.67	99.85
SOAP2	2 653	13.7	2.4	1	2.4	97.71	83.12
Abyss	65	486.8	171	6	156.7	99.83	98.38
PE	173	149.7	60.5	3	56.5	99.90	100
AllPath2	33	1 015.1	336.9	1	336.9	99.77	99.88
EPGA	38	493.8	198.4	3	198.4	99.98	100

表 2-8　E. coli 的 scaffold 评价结果

工具	个数	最长长度	$N50$/kb	错误个数	$CN50$/kb	$Cov\text{-}R$/%	$Cov\text{-}O$/%
Velvet	71	721.2	502.9	26	251.5	99.57	97.74
SOAP2	549	951.4	194.5	20	169	97.85	92.45
Abyss	26	1 666	661.8	0	660.8	99.81	98
PE	49	618.5	303.2	0	303.2	99.97	100
AllPath2	16	2 212.1	699.1	0	699	98.85	99.95
EPGA	19	1 061.2	823.1	0	822.9	99.98	99.81

(3) S. pombe 组装结果

这个基因组的长度更长,并且其重复区相对更复杂。在表 2-9 和表 2-10 中,可以发现所有的序列组装工具都倾向于产生更多错误和更差的结果。和其他序列组装工具相比,EPGA 产生最少的 contig 和 scaffold。针对 contig 和 scaffold 的 $CN50$,EPGA 是所有组装工具中最优的。对于 contig,Abyss 有最多的错误。对于 scaffold,SOAPDenovo2 具有最多的错误。

表 2-9　S. pombe 的 contig 评价结果

工具	个数	最长长度	$N50$/kb	错误个数	$CN50$/kb	$Cov\text{-}R$/%	$Cov\text{-}O$/%
Velvet	963	90.2	28.6	77	25.7	99.29	99.55
SOAP2	9 160	13.6	1.9	2	1.9	96.73	59.85
Abyss	834	154.7	45.2	205	31.2	98.18	82.36
PE	959	111.7	32.9	10	32.4	98.72	99.85
AllPath2	361	184.4	50.9	29	48.5	95.18	99.80
EPGA	334	255.6	80.6	43	70.2	98.44	99.85

表 2-10　S. pombe 的 scaffold 评价结果

工具	个数	最长长度	N50/kb	错误个数	CN50/kb	Cov-R/%	Cov-O/%
Velvet	350	520.6	154.3	28	139.5	99.2	99.24
SOAP2	2 592	481.4	146.4	60	112.1	96.61	90.14
Abyss	390	644.1	210.5	3	210.5	98.04	81.56
PE	494	203.6	67	0	62.8	98.89	99.84
AllPath2	202	1 302.3	243.2	5	224.8	98.01	99.64
EPGA	103	2 444.3	659.5	7	494.9	98.47	99.30

（4）N. crassa 组装结果

对于相对较大的 N. crassa 基因组,序列组装评价结果如表 2-11 和表 2-12 所示。All-Path2 不能获得相应的组装结果,因为在该双端读数文库库中有太多的读数,超过 AllPath2 的读数数量限制。EPGA 在 contig 条数和 N50 指标上有优势。对于 scaffold,Abyss 同其他组装工具相比具有较长的 N50。但是 Abyss 在 contig 和 scaffold 上错误比较多。注意,虽然 Abyss 的 Cov-R 较高,但是 Cov-O 太低,这意味着 Abyss 产生了太多的冗余 contig。还要注意 N. crassa 这个物种的参考基因组序列是未完成的。同时它的染色体条目也比较多,这也将影响组装结果的评价。

表 2-11　N. crassa 的 contig 评价结果

工具	个数	最长长度	N50/kb	错误个数	CN50/kb	Cov-R/%	Cov-O/%
Velvet	5 855	70.7	10	873	8.7	88.46	99.25
SOAP2	51 486	8	0.8	16	0.8	95.23	59.19
Abyss	10 135	103.7	15.7	1 274	10.3	96.77	82.89
PE	8 569	66.5	8.4	80	8.2	92.51	99.57
AllPath2	—	—	—	—	—	—	—
EPGA	6 206	106.8	10.2	348	9.6	90.08	99.14

表 2-12　N. crassa 的 scaffold 评价结果

工具	个数	最长长度	N50/kb	错误个数	CN50/kb	Cov-R/%	Cov-O/%
Velvet	1 838	291.9	46.2	529	35.8	88.23	98.66
SOAP2	41 111	170.5	12.5	651	4.3	92.86	65.51
Abyss	5 773	421.7	77.6	18	71	96.72	77.44
PE	5 212	89.3	14.9	0	14.3	92.9	98.52
AllPath2	—	—	—	—	—	—	—
EPGA	4 651	165.7	22.1	0	20.6	90.14	95.54

（5）运行时间和内存消耗

所有的程序均是采用 8 个线程,在一台具有 512 G 内存的服务器上运行。从表 2-13 中,可以看出 EPGA 在内存消耗和运行时间上并不具有优势。

表 2-13　运行时间和内存消耗

工具	S. aureus		E. coli		S. pombe		N. crassa	
	时间/M	内存/G	时间/M	内存/G	时间/M	内存/G	时间/M	内存/G
Velvet	8	2.8	25	7.6	125	15	266	45
SOAP2	3	13	8	18	31	28	101	89
Abyss	13	2.6	29	5.3	72	6.6	331	25.6
PE	12	2.7	28	4.5	1 626	15	1 927	26
AllPath2	72	40	156	74	982	464	—	—
EPGA	15	9	40	28	261	97	2 830	198

　　Abyss 在各个数据集上的内存消耗都是较少的。PE-Assembler 也取得了较低的内存消耗。而 EPGA 在内存消耗上比较大，特别是对于最后一组数据。这是因为 EPGA 把读数和 k-mer 都一次性地加载到内存中进行处理，这样大大地增加了内存消耗。在时间运行上，EPGA 在大数据集上需要太长的时间。这是因为在大数据集上，往往产生较多的 contig，这将增加 contig 合并以及 scaffolding 步骤的时间，进而影响整体的运行效率。

2.6　本章小结

　　本章利用双端读数 insert size 分布和读数分布特征，提出了一种新的序列组装方法（EPGA）。EPGA 基于 De Bruijn 图，并通过评估可扩展的候选序列构建 contig。因为在读数文库中存在测序错误和不均匀的测序深度，本书提出新的解决思路，以解决由它们带来的问题。对于相邻重复区域和配对重复区域，本书通过评估双端读数 insert size 的分布特征来区分正确和错误的可扩展候选序列。EPGA 的性能在两个细菌和两个真菌的物种上进行测试。在本章的实验中，EPGA 和其他一些流行的序列组装方法进行比较，在几个标准的序列组装评价指标上，EPGA 产生了令人满意的组装结果。特别是在 E. coli 物种的测序数据集上，$CN50$ 提高了 17%，在 S. pombe 物种的测试数据集上，$CN50$ 提高了一倍。

3 内存低耗的序列组装方法

3.1 组装内存效率

在序列组装中,随着测序深度和基因组长度的增加,大部分现有序列组装工具需要消耗大量的内存去存储和处理测序数据。但是,序列组装工具的用户往往无法满足序列组装软件的内存空间需求,这也使现有的软件很难应用到实际研究中。本章提出了一种新的节省内存消耗的序列组装工具 EPGA2,它更新了原有序列组装方法 EPGA 中的一些模块。为了减少内存消耗,EPGA2 采用 DSK[216] 来统计 k-mer 的频率,并且利用 BCALM[217] 构建 De Bruijn 图。另外,EPGA2 使 contig 合并模块并行化,并且增加了原始读数改错的预处理模块。

虽然 EPGA 可以解决复杂重复序列区引起的一些问题,并可以获得更连续和完整的组装结果,但与其他流行的组装工具相比,它在内存消耗上不具有优势。

EPGA 的内存消耗的瓶颈主要存在于两个步骤:k-mer 统计和 De Bruijn 图构建,因为 EPGA 要求所有读数和 k-mer 都一次性地加载在内存中。这样的存储策略导致内存随着读数数量的增长而快速增长。

DSK 是一个 k-mer 统计工具,它对读数进行划分,然后依次把每个分区中的读数加载到内存中,这样只需要较小的内存进行处理统计。BCALM 是 De Bruijn 图中构建简单路径的一种算法,它将 k-mer 进行聚类,并将每个类中的 k-mer 迭代地加载到内存中进行处理。为了解决 EPGA 中的内存消耗问题,EPGA2 用 DSK 和 BCALM 替代了 EPGA 中的一些模块。

BCALM 把每个 k-mer 划分为一些长度更短的 l-mer,其中 $l<k$。一个 l-minimizer 是一个长度为 l 的子串。对于一个 l-mer 集合,按照字母顺序进行排序,其中最小的 l-mer 称为 l-minimizer。假设 u 是一个 k-mer,BCALM 定义 $Rmin(u)$ 是 u 的长度为 $k-1$ 的后缀字符串中的 l-minimizer。$Lmin(u)$ 是 u 的长度为 $k-1$ 的前缀字符串中的 $l-minimizer$。

对于两个 k-mer:u 和 v,如果 u 中和 v 具有长度为 $k-1$ 的重叠关系,并且 u 右端和 v 的左端并不和其他 k-mer 具有长度为 $k-1$ 的重叠,则称 u 和 v 在是兼容的(compactable),在这种情况下,u 和 v 能够合并成一个字符串。如果 $Rmin(u)=Lmin(v)=m$,则称 u 和 v 是可以进行 m-compactable 操作的,即进行合并。

BCALM 的输入数据是一个 k-mer 集合和一个参数 l,其中 $l<k$。BCALM 首先根据 k-mer 之间的兼容性,对 k-mer 进行分类,然后依次处理每个类中的 k-mer,并生成简单路径。其伪代码见图 3-1。

```
Algorithm 1.1: BCALM(k-mers,l)
1: Get all l-mers.
2: Determine the l-minimizers of all k-mers.
3: Partition k-mers to Files based on their values of l-minimizers.
4: for each file Fm in increasing order of m do
5:     Cm = m-compaction of Fm
6:     for each string u of Cm do
7:         Bmin = min(Lmin(u),Rmin(u))
8:         Bmax = max(Lmin(u),Rmin(u))
9:         if Bmin <= m and Bmax <= m then
10:            Output u
11:        else if Bmin <= m and Bmax > m then
12:            Write u to FBmax
13:        else if Bmin > m and Bmax > m then
14:            Write u to FBmin
15:    Delete Fm
```

图 3-1　BCALM 产生简单路径计算过程

3.2　EPGA2 方法步骤

EPGA2 组装过程由以下七个步骤组成:① 读数纠错。通常在原始读数文库中会出现一些测序错误,EPGA2 采用 BLESS[81]纠正读数中的测序错误。② k-mer 频次计数。DSK 被应用于统计 k-mer,并且只保留出现频次大于一个阈值的 k-mer 用于以下步骤。③ De Bruijn 图构造。基于已经产生的 k-mer,EPGA2 利用 BCALM 方法来构建简单路径,然后通过这些简单的路径构建优化后的 De Bruijn 图。④ contig 构建。该步骤和 EPGA 相同。⑤ contig 合并。在该步骤中,EPGA2 并行化了整个合并过程,但是合并方法和 EPGA 相同。⑥ scaffolding。该步骤和 EPGA 相同。⑦ gap 填充。该步骤也和 EPGA 相同。

EPGA2 相对于 EPGA 具有以下几项改进。首先,读数中的测序错误通常会导致错误的边或者节点,并导致 De Bruijn 图中正确边的丢失,这增加了 contig 构建的难度。此外,在 scaffolding 和 gap 填充步骤中,测序错误将在 contig 之间引入一些错误的双端读数比对信息。EPGA 直接使用原始读数文库来统计 k-mer 频次并构造 De Bruijn 图,这增加了后续步骤的难度。而 EPGA2 使用 BLESS 对原始读数文库进行纠错。在纠正读数中的测序错误后,会降低错误读数和错误 k-mer,有助于后续步骤。其次,当计算 k-mer 频次时,EPGA 使用哈希表,其中键是 k-mer,值是频次。这个简单的策略需要大量的内存。EPGA2 采用 DSK 来统计频次,只需要由用户自定义的内存去统计所有 k-mer 和 $(k+1)$-mer 的频次。EPGA2 只保留频率大于 1 的 k-mer 和所有的 $(k+1)$-mer。而 EPGA 需要把读数全部一次性地加载到内存中以构建 De Bruijn 图。当使用 BCALM 生成简单路径时,EPGA2 引入了一个附加条件,De Bruijn 图中的每个边都应该是一个 $(k+1)$-mer。在通过修改后的 BCALM 创建简单路径之后,EPGA2 将这些简单的路径转换为优化的 De Bruijn 图(每个简单路径合并到一个节点,每个末梢节点被删除)。在这个步骤中,内存将更有效地减少。第三,EPGA2 并行化了 EPGA 中单线程的 contig 合并模块,缩短序列组装整个过程的时间。

3.3 实验结果

关于组装结果的评价如表 3-1 所示。从这些组装结果可以看出,EPGA2 比原来的 EP-GA 的组装方法具有较大的改进。对于可以表示组装结果准确性的 $CN50$,EPGA2 在所有数据集上 scaffold 的 $CN50$ 比 EPGA 都要更长。同时在大部分数据集上,EPGA2 都获得了比 EPGA 更高的覆盖度。精度和覆盖率的提高是通过添加读数纠错模块实现的。

表 3-1 EPGA 和 EPGA2 结果比较

物种	方法	C. Num	C. CN50 /kb	C. Cov /%	S. Num	S. CN50 /kb	S. Cov /%	时间/M	内存/G
S. aureus	EPGA	22	220	99.68	5	597	99.69	15	9
	EPGA2	28	189	99.66	7	753	99.68	35	0.9
E. coli	EPGA	38	198	99.98	19	823	99.98	40	28
	EPGA2	33	189	99.98	9	1 379	99.99	89	1.7
S. pombe	EPGA	334	70	98.44	103	494	98.47	261	97
	EPGA2	355	70	98.73	116	743	98.75	342	6.1
N. crassa	EPGA	6 206	9.6	90.08	4 651	20.6	90.14	2 830	198
	EPGA2	5 711	10.6	91.11	3 632	39.4	91.11	1 721	15

EPGA2 的内存消耗是最低的。对于四个基因组,EPGA2 仅需要 0.9G,1.7G,6.1G 和 15G 的内存消耗,比 EPGA 和其他流行的组装方法都要小。这种改进是由于 DSK 和 BCALM 的划分策略实现的,每个子集中的 k-mer 和读数被分别加载到内存中。分区策略可以减少存储在内存中的大量数据。EPGA2 并行化了 contig 合并模块,这样省了运行时间,尤其适用于数据量比较大的读数文库。读数纠正步骤需要额外的时间,针对四个不同的基因组数据,BLESS 分别需要 26 M,67 M,187 M,621 M。由于前三个数据集相对较小,contig 合并模块运行时间的减少量小于 BLESS 运行时间的增加量,EPGA2 在三个数据集中运行时间比 EPGA 长。并行 contig 合并可以为大型数据集节省更多时间,因此 EPGA2 在最后一个数据集的运行时间比 EPGA 的运行时间要短。

3.4 本 章 小 结

针对序列组装中往往内存消耗过大的问题,本书提出了一种内存消耗较低的序列组装方法 EPGA2,该方法更新了 EPGA 中的几个模块,包括利用 DSK 方法统计 k-mer 频次和利用 BCALM 构建 De Bruijn 图,同时并行化 EPGA 中的 contig 合并模块。通过这些改进,EPGA2 大大降低了整个组装过程中的内存消耗,和 EPGA 相比,EPGA2 在内存消耗上,降低了约 10 倍的内存消耗。

4 基于双端读数统计特征的 scaffolding 方法

4.1 Scaffolding 难点

序列组装工具产生的 contig 往往比较零散的分布在基因组参考序列上。通过 scaffolding 方法可以确定 contig 之间在基因组参考序列上的先后顺序以及方向关系，并生成长度更长的序列片段 scaffold。目前，第二代测序技术在国内外得到了广泛的应用，并由此产生了海量的测序数据。由第二代测序技术得到的双端读数 insert size 可以达到数千碱基，所以双端读数能够跨过一段较长的区域并克服序列组装中部分重复区问题，因此，研究高效的基于双端读数的 scaffolding 方法就成为了非常有意义的工作。

目前，虽然已有的 scaffolding 方法已经取得了不错的结果，但是，仍然有以下几个问题需要进一步解决：① 现有的方法往往利用比对到两个 contig 上的双端读数个数作为 scaffold 图上边的权重。而在低测序深度区域，比对上的读数本身就很少，所以这种权重设置方法会遗漏一些处在低测序深度区域中 contig 之间的关联关系。对于一些复杂重复区，也不能简单地通过比对上的双端读数个数进行衡量。② 在检测 scaffold 图中的方向冲突和顺序冲突时，现有的方法一般通过一个整体的优化目标和约束条件，发现并移除造成冲突的边。这种策略把高可信度和低可信度的边一起考虑，而忽略了高可信度边对其他边的指导作用，也容易移除一些高可信度的边。③ 在遍历 scaffold 图抽取路径产生 scaffold 时，往往以整条路径上双端读数个数最大化为优化目标，而忽略了长节点和短节点的一些特性。比如，一个长节点不能跨过一个长节点去和其他长节点相关联，而每个节点都可以同时和多个短节点相关联。

4.2 基于双端读数统计特征的 scaffolding 方法

本章提出了一种基于双端读数统计特征的 scaffolding 方法 BOSS（Build Optimized Scaffold graph for Scaffolding）。BOSS 利用两个 contig 之间期望比对上的双端读数个数和迭代策略解决现有 scaffolding 方法中存在的不足。① 为了更准确地构建 scaffold 图，BOSS 利用下述思想确定两个 contig 之间是否应该添加边以及边的权重。如果两个 contig 存在双端读数能够分别比对上它们，其中一个读数被比对到一个 contig，则基于双端读数 insert size 分布，BOSS 可以推算其配偶读数可以比对到另一个 contig 的概率。基于此想法，对于两个 contig，BOSS 统计所有能够比对到一个 contig 的读数，无论这些读数的配偶读数是否可以比对到另一条 contig，然后设计了一个统计方法来计算能够比对到这两个 contig 上的双端读数期望值。再根据期望值与实际值之间的比较确定这两个 contig 之间是否添加边以及边权重。当两个相邻 contig 来自低测序深度区域时，边的权重仍会取得较大值。如果两个非相邻 contig 具有比对上的双端读数,则比对上的双端读数期望值和实际值通常会相差较大。因此,该统计方法可以更准确地判断两个 contig 之间是否应该添边以及边的权重。② 为了消除 scaffold 图中的各种冲突,本书采用迭代策略来检测和消除造成冲突的边。在第一次迭代中,从 scaffold 图中提取高权重的边和相关节点作为一个子图,然后迭代添加其余的边到该子图。在每次迭代中,本书基于子图检测和去除造成冲突的边。已被确认为正确的边作为先验信息以指导后续迭代中冲突检测和移除。高权重边的方向和顺序信息在整个迭代过程中可以作为先验信息,帮助整个冲突消除过程。

在本章中,假定双端读数的 insert size 服从正态分布 $N(\mu_{is}, \sigma_{is})$,其中 μ_{is} 是 insert size 均值,σ_{is} 是 insert size 的标准差。首先对双端读数比对到 contig 上的噪音进行预处理。接着构建 scaffold 图,图中每个节点代表一个 contig。基于 insert size 分布估计两个节点之间比对上双端读数的期望值。再根据两个节点之间比对上双端读数的实际个数和期望值,确定两个节点之间是否添加边以及边的权重。然后采用迭代和线性规划的方法解决 scaffold 图中可能存在的冲突。最后利用广度优先遍历算法从 scaffold 图中确定 scaffold。整个流程见图 4-1 所示。

4.2.1　预处理

在本方法中,以 contig 文件和比对结果文件为输入数据。在比对结果文件中,由于重复区和测序错误,往往会造成某条读数有多个比对位置信息。对于每个读数,本方法只保留比对得分值最高的比对位置信息,剩下的非最优比对位置信息全部去除。比对到同一条 contig 上的双端读数之间的距离需要在 $[\mu_{is} - 3 \times \sigma_{is}, \mu_{is} + 3 \times \sigma_{is}]$ 这一区间,否则移除该双端读数的比对信息。然后利用所有剩下比对上的读数个数除以所有读数的个数,得到一个估计的测序错误率 e。根据所有读数的比对位置信息,可以得到每个 contig 上每个位置的读数覆盖度,即某个碱基位置有多少个比对上的读数覆盖该位置。同时,计算每个 contig 平均读数覆盖度,即该 contig 上所有比对上的读数的碱基数除以 contig 的长度。接着计算 contig 每个位置的读数覆盖度除以 contig 的平均覆盖度,如果该值大于一定阈值,则认为该位置为重复区,会对后续的计算造成影响,所以去除掉所有比对到高覆盖度区域的读数位置信息。

4.2.2　Scaffold 图的构建

如图 4-2 所示为双端读数比对类型。两个 contig:C_i 和 C_j,和一个比对上的双端读数:(R_1, R_2)。在图 4-2(a)中,R_1 正向比对到 C_i,R_2 反向比对到 C_j,意味着 C_i 的 3'端和 C_j 的 5'端有关联。在图 4-2(b)中,R_1 反向比对到 C_i,R_2 正向比对到 C_j,意味着 C_i 的 5'端和 C_j 的 3'端有关联。在图 4-2(c)中,R_1 正向比对到 C_i,R_2 正向比对到 C_j,意味着 C_i 的 3'端和 C_j 的 3'端有关联。在图 4-2(d)中,R_1 反向比对到 C_i,R_2 反向比对到 C_j,意味着 C_i 的 5'端和 C_j 的 5'端有关联。

对于两个 contig:C_i 和 C_j,和一个比对上的双端读数:(R_1, R_2),其中 R_1 比对到 C_i,R_2 比对到 C_j。根据 R_1 和 R_2 是否正向比对到 C_i 和 C_j 上,把比对上的双端读数分为四种类型。图 4-2 为双端读数比对到两个 contig 的四种类型示意图。

如图 4-2(a)及图 4-2(b)中的两种类型意味着 C_i 和 C_j 在同一个方向上,而图 4-2(c)和图 4-2(d)中的两种类型,意味着 C_i 和 C_j 不在同一个方向上。

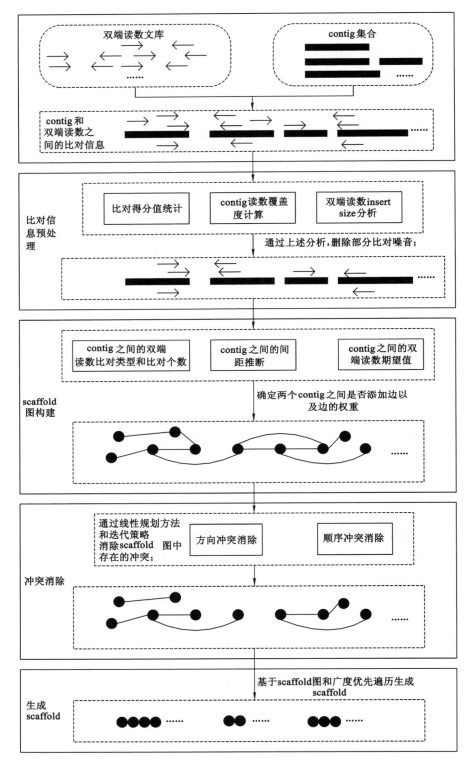

图 4-1　流程图

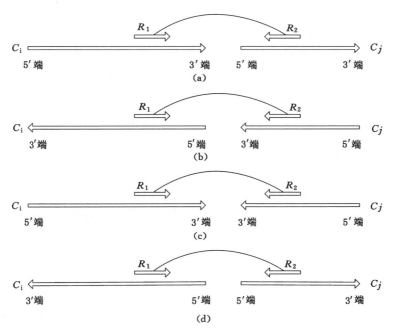

图 4-2　双端读数比对类型

首先,对于每一个 contig,建立一个节点代表该 contig。针对任何两个 contig,统计比对上的双端读数类型,并选择比对上双端读数个数最多的类型进行后续分析,其他类型比对上双端读数不予考虑。如果比对上的双端读数个数小于阈值 m,则这两个 contig 之间不会添加边。如果该值大于或者等于阈值 m,则利用 insert size 分布对这些比对上的双端读数进行打分。

假设比对到 C_i 和 C_j 的第 t 个双端读数为 (R_{t1}, R_{t2}),R_{t1} 正向比对到 C_i 的 p_1 位置,R_2 反向比对到 C_j 的 p_2 位置。可以得到两个距离,$D_{t1} = len_i - p_1$ 和 $D_{t2} = p_2 + r$。其中 len_i 为 C_i 的长度,len_j 为 C_j 的长度,r 为读数的长度。可以估计 C_i 和 C_j 之间的距离为 $G_{ij} = \mu_{is} - D_{t1} - D_{t2}$。如图 4-3 所示。

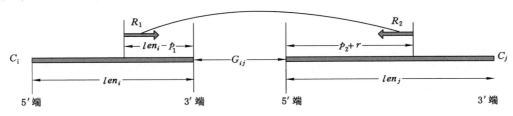

图 4-3　双端读数比对位置信息

根据所有比对到 C_i 和 C_j 上的双端读数,可以得到 C_i 和 C_j 之间距离的最终估计值 G_{ij} 为:

$$G_{ij} = \frac{1}{n} \sum_{t=1}^{n} Gt \tag{4-1}$$

其中,n 为比对到 C_i 和 C_j 的双端读数个数。对于一个读数 R_t,如果它能够比对到 C_i 的 p_t,并且比对方向和 R_{t1} 比对到 C_i 上的比对方向一致,则它的另一端读数 R_s 能够比对到 C_j 的概率即为 R_t 和 R_s 之间的距离 insert size 在区间 $[D_t+G_{ij}+r,D_t+G_{ij}+len_j]$ 的概率,$D_t=len_i-p_t$,假设 insert size 近似符合正态分布[52-54],则该概率可以利用式(4-2)进行计算:

$$Pt = \int_{D_t+G_{ij}+len_j}^{Dt+G_{ij}+r} f(x)\mathrm{d}x \tag{4-2}$$

其中 $f(x)$ 为正态分布的概率密度函数。而在实际中,insert size 一般都小于 $\mu_{is}+3\times\sigma_{is}$,所以,本方法只选择比对到 C_i 的 $[\max(\mu_{is}+3\times\sigma_{is}-G_{ij}-r,0),len_i]$ 区间上的读数计算双端读数期望值。针对所有比对到 C_i 上的读数都可以计算其另一端读数比对到 C_j 的概率。最终计算得到一个值,即 C_i 和 C_j 之间比对上双端读数的期望值,利用式(4-3)进行计算:

$$E_{ij} = \sum_{t=1}^{s} P_t \tag{4-3}$$

s 为比对到 C_i 的 $[\max(\mu_{is}+3\times\sigma_{is}-G_{ij}-r,0),len_i]$ 区间上的读数个数,并且比对上读数的比对方向和 R_{t1} 比对到 C_i 的比对方向一致。由于测序错误的存在,一些应该比对上的读数而没有比对上,所以该期望值再乘以测序错误率 e。

$$E_{ij} = e \times E_{ij} \tag{4-4}$$

接着,计算该期望值和实际比对上的双端读数之间的比值,如果这两个值越接近,则表示 C_i 和 C_j 相邻的可能性 ρ_{ij} 越大:

$$\rho_{ij} = MIN(\frac{E_{ij}}{n},\frac{n}{E_{ij}}) \tag{4-5}$$

同理,可以利用比对到 C_j 的读数计算它们另一端读数比对到 C_i 上的期望,最终得到 ρ_{ji},如果 ρ_{ij} 和 ρ_{ji} 的平均值小于一定阈值(该阈值由用户来设定,默认 0.2),则 C_i 和 C_j 之间不会添加边,否则,在 C_i 的 3'端和 C_j 的 5'端之间添加一条边,权重为这两个值的平均值。如果 C_i 的一端(3'端或者 5'端)只和 C_j 的一端存在双端读数,而 C_j 的该端也只和 C_i 的该端存在双端读数,即使计算出的 ρ_{ij} 和 ρ_{ji} 平均值小于该阈值,则 C_i 和 C_j 之间也添加一条边,该边权重设为该阈值。

当处理完所有的 contig 后,则构建了一个带权重的 scaffold 图。

4.2.3 造成方向冲突边的检测

在 scaffold 图中遍历路径时,当从一个节点的 5'端进入该节点时,必须从该节点的 3'端出来访问下一个节点。设定 $O_i\in\{0,1\}$,代表 C_i 的方向,0 代表正向,1 代表反向。在 scaffold 图中,如果一条边是从一个 contig 的 5'端到另一个 contig 的 3'端,或者从一个 contig 的 3'端到另一个 contig 的 5'端,则该边约束两个 contig 具有相同的方向。否则,该边约束两个 contig 具有相反的方向。当一个节点的方向确定了,则基于 scaffold 图中的路径,其他节点的方向也能确定。但是,scaffold 图中往往存在一些方向冲突,即某一节点通过不同的路径往往推导得到不同的方向。本方法利用整数线性规划发现方向冲突,并通过删除掉一些边使 scaffold 图中不包含方向冲突。

本方法采用迭代的策略发现方向冲突。在每次迭代时,只考虑权重大于 θ 的边。

初始设置 $\theta = 0.9$，并且构建一个边集合 Ω_1，并设置为空。首先选择 scaffold 图中所有大于 θ 的边。每条边都代表两个节点之间方向的约束条件。如果 C_i 和 C_j 之间的边不存在于集合 Ω_1 中，并且 C_i 和 C_j 在不同的方向上，则约束条件为：

$$\begin{cases} O_i + O_j \leqslant 2 - \eta_{ij} \\ -O_i - O_j \leqslant -\eta_{ij} \end{cases} \tag{4-6}$$

如果 C_i 和 C_j 在同一个方向上，则约束条件为：

$$\begin{cases} O_i - O_j \leqslant 1 - \eta_{ij} \\ -O_i + O_j \leqslant 1 - \eta_{ij} \end{cases} \tag{4-7}$$

其中，η_{ij} 是一个松弛变量，$\eta_{ij} \in \{0,1\}$；如果 O_i 和 O_j 违反了该边的约束，则 η_{ij} 肯定等于 0；如果 C_i 和 C_j 之间的边已经在集合 Ω_1 中，则它们之间方向约束是不能违反的，即如果 C_i 和 C_j 在不同的方向上，则：

$$-O_i! = O_j \tag{4-8}$$

如果 C_i 和 C_j 在同一个方向上，则：

$$O_i = O_j \tag{4-9}$$

优化目标函数为：

$$MAX\left(\sum w_{ij} \times \eta_{ij}\right) \tag{4-10}$$

其中，w_{ij} 表示 C_i 和 C_j 之间边的权重，表示求使得函数值最大的 η_{ij} 取值；

该目标函数中只考虑没有存在于集合 Ω_1 中的边，该目标函数能够保证如果 O_i 和 O_j 符合对应边规定的约束，η_{ij} 等于 1。在该次迭代完成后，如果 η_{ij} 等于 1，则对应的边添加到集合 Ω_1 中。

θ 从 0.9 到 0.1，每次迭代时 $\theta = \theta - 0.1$。当结束迭代后，每个节点都被分配了一个方向，而不存在于集合 Ω_1 中的边被认为是造成方向冲突的边，并删除。

4.2.4 造成顺序冲突边的检测

在 scaffold 图中，每条边也规定了两个 contig 之间的距离。本方法通过给每个 contig 分配起始位置，使分配的起始位置尽量符合每条边规定的 contig 之间的距离。在最终的起始位置分配方案中，两个 contig 之间的距离可以通过两种方式得到，一个是通过分配给 contig 的起始位置计算得到的距离，和对应边规定的距离。如果这两个距离相差太大，则认为该边造成顺序冲突，删除掉该边。

本方法在解决 contig 顺序冲突时，也采用和解决方向冲突相同的迭代方式。在每次迭代时，只考虑权重大于 θ 的边。

$X_i \in [0, C]$，代表 C_i 在正向上的起始位置坐标。由于在上一步解决方向冲突时，已经计算得到每个 contig 的方向，对于方向为 0 的 contig，该起始位置就是 5' 端的位置，对于方向为 1 的 contig，该起始位置就是 3' 端的位置。X_i 是一个整数。C 是所有节点长度之和的两倍。

初始设置 $\theta = 0.9$，并且构建一个边集合 Ω_2，并设置为空。选出所有权值大于等于 θ 的边，如果 C_i 和 C_j 之间边权值大于 θ，并且该边不存在集合 Ω_2 中，则建立顺序约束条件为：

$$\begin{cases} X_j - X_i - len_i - G_{ij} <= C(1 - \varphi_{ij}) \\ X_i - X_j + len_i + G_{ij} >= C(1 - \varphi_{ij}) \end{cases} \tag{4-11}$$

如果 C_i 和 C_j 之间的边已经存在集合 Ω_2 中,则建立顺序约束条件为:

$$\begin{cases} X_j - X_i - len_i <= \mu_{is} + 3 \times \sigma_{is} \\ X_j - X_i - len_i > 0 \end{cases} \tag{4-12}$$

优化目标函数为:

$$MAX(\sum w_{ij} * \varphi_{ij}) \tag{4-13}$$

其中,$X_i,X_j \in [0,C]$,分别表示给节点 C_i 和 C_j 分配的起始位置坐标,X_i,X_j 为整数,且 $X_j \geqslant X_i$;C 是所有节点长度之和的两倍;$\varphi_{ij} \in [0,1]$,是一个松弛变量,用来反映相应边规定的 C_i 和 C_j 之间的距离和通过分配位置坐标得到的距离之间的差距。这种差距越小,则 φ_{ij} 的值越靠近 1。当完成本次迭代后,若 C_i 和 C_j 之间的边没有在集合 Ω_2 中,且:

$$| X_j - X_i - len_i - G_{ij} | \leqslant 2 \times \sigma_{is} \tag{4-14}$$

则 C_i 和 C_j 之间的边添加到集合 Ω_2 中。θ 从 0.9 到 0.1,每次迭代时 $\theta = \theta - 0.1$。经过所有的迭代后,不存在于集合 Ω_2 中的边被认为是造成位置冲突的边,并删除。

4.2.5 Scaffold 的产生

虽然,在解决顺序冲突时,每个 contig 都被分配了一个位置,但是根据分配得到的起始位置,多个 contig 之间可能存在重叠区域。所以,本方法采用另外一种策略完成 scaffold 的构建,即线性化 scaffold 图中的节点。本方法规定长度大于 $\mu_{is} + 3 \times \sigma_{is}$ 的节点为长节点,否则为短节点。首先,本方法只考虑长节点和它们之间的边,并抽取出相应的简单路径作为初始的 scaffold。其次,如果某一个短节点和一个 scaffold 中两个紧邻的长节点都存在边,则该短节点插入到该 scaffold 中。如果在两个长节点中,存在多个短节点和它们相连,则根据短节点和长节点的距离进行一个排序,然后把短节点依次插入到长节点之间。最后,本方法从 scaffold 的双端节点分别进行扩展。本方法采用广度优先遍历进行扩展 scaffold,如果不存在可扩展的节点或者遇到其他 scaffold,则停止扩展,并合并遇到的其他 scaffold。一个示例见图 4-4。

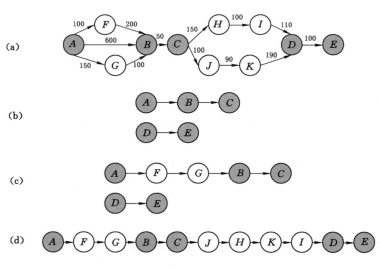

图 4-4　scaffold 形成示例图

如果存在多个双端读数数据集合,则本方法首先从 insert size 比较小的数据集合开始 scaffolding,并以输出的 scaffold 作为下一个数据集合的 contig 进行 scaffolding。

图 4-4 为 scaffold 形成示例图。图 4-4(a)表示一个 scaffold 图,每个节点代表一个 contig,其中深色的节点为长节点,其余节点为短节点。边上的数值为两个相连节点之间的距离。图 4-4(b)表示首先抽取出长节点的简单路径。形成两个 scaffold:ABC 和 DE。图 4-4(c)把短节点插入到长节点中间。由于 F,G 两个节点都和长节点 A,B 相连,并且 F 离 A 更近,所以形成新的 scaffold:$AFGBC$。图 4-4(d)扩展 scaffold:$AFGBC$,根据广度优先算法,首先选择距离起始节点最近的节点进行访问,当遇到其他 scaffold 时,两个 scaffold 合并。最终形成一个新的 scaffold:$AFGBCJHKIDE$,每个节点是一个 contig,并且每两个相邻节点之间的距离也已经确定,所以该 scaffold 就是一条更长的碱基序列,节点中间的 gap 区域用'N'来代表。

4.3　实验分析

4.3.1　实验数据

为了验证本方法的有效性,本方法在四个物种的由 Illumina 技术得到的真实测序数据上进行了测试,并和目前流行的其他十一种 scaffolding 方法进行比较分析。这四种物种包括:金黄色酿脓葡萄球菌(S. aureus),红假单胞菌(R. sphaeroides),人类 14 号染色体(Human 14)和恶性疟原虫(P. falciparum)。其中 Human 14 参考序列中的初始的连续'N'序列被去掉。前两个数据集合只包含一个双端读数集合。后两个数据集合各包含两个双端读数集合,这两个集合具有不同的 insert size。数据集详细信息见表 4-1。这些原始读数集合来自于 GAGE[200]。contig 集合是由组装工具 Velvet[125] 产生,并经过 Hunt[218] 处理成不包含错误的 contig 集合。Velvet 产生的 contig 个数要多一些,这更有利于评价 scaffolding 方法。

表 4-1　数据集信息

	S. aureus	R. sphaeroides	P. falciparum		Human 14	
基因组长度/Mbp	2.9	4.6	23.3		88.2	
读数长度/bp	37	101	76	75	101	57～82
读数个数/M	3.5	2.1	52.5	12.0	22.7	2.4
覆盖度	～45	～46	～171	～39	～26	～2
Insert size/bp	3 500	3 700	650	2 700	2 900	34 500

4.3.2　评价指标

虽然一般认为 N50 或改错后的 N50 越大,说明 scaffolding 结果越好,但是这些指标并不能完全反映 scaffolding 结果中方向和顺序的正确性。为了评价 scaffolding 方法的准确性,Hunt[218] 提出了一种新的专门评价 scaffolding 的方法。该方法提出了四个指标进行评价:① 正确连接(CJ):两个 contig 被分配了正确的方向,并且它们之间的距离符合实际距离。② 错误连接(IJ):两个 contig 被分配了错误的方向,或者它们之间的距离不符合实际距离,或者在不同的染色体上。③ 遗漏连接(ST):两个 contig 被正确连接,但是它们中间遗漏了另一个 contig。④ 丢失的 contig(LT)：contig 没有出现在最终的 scaffolding 结果中。这四个指标赋予了不同的权重，分别为 1、2、2、0.5。

根据以上四个指标，本方法利用 $F1\text{-}score$ 作为综合评价指标。定义 PC 为实际存在可以正确连接的个数。TPC 是在 scaffolding 结果中存在的正确连接个数。FPC 为错误连接，遗漏连接和丢失的 contig 个数三个指标乘以权重之和。

$$TPR = \frac{TPC}{PC} \tag{4-15}$$

$$PPV = \frac{TPC}{TPC + FPC} \tag{4-16}$$

$$F1\text{-}score = \frac{2 \times TPR \times PPV}{TPR + PPV} \tag{4-17}$$

4.3.3 统计方法和迭代策略

为了验证本书中提出的统计方法和迭代策略的有效性，本书比较其他两种不同版本的 BOSS：BOSS1 和 BOSS2，具体评价结果如下表 4-2 所示。BOSS1、BOSS2 和 BOSS 采用不同的策略来构建 scaffold 图。在构建 scaffold 图时，BOSS1 在两个 contig 之间添加边，如果比对到这两个 contig 上的双端读数个数大于 num_{min}。BOSS2 使用统计方法（在 4.2.2 节中描述）用于构建 scaffold 图，而不用后边的迭代策略消除冲突。BOSS 不仅采用统计方法构建 scaffold 图，而且采用迭代策略消除 scaffold 图中的潜在的冲突。

表 4-2 BOSS1、BOSS2 和 BOSS 的 scaffolding 的评价结果

数据集	方法	TPR	PPV	$F1\text{-}score$
S. aureus	BOSS1	0.725	0.569	0.638
	BOSS2	0.886	0.851	0.868
	BOSS	0.862	0.878	0.870
R. sphaeroides	BOSS1	0.751	0.638	0.690
	BOSS2	0.863	0.801	0.831
	BOSS	0.870	0.881	0.876
P. falciparum 的数据集 1	BOSS1	0.585	0.737	0.652
	BOSS2	0.634	0.896	0.742
	BOSS	0.642	0.921	0.757
P. falciparum 的数据集 2	BOSS1	0.747	0.648	0.694
	BOSS2	0.828	0.813	0.821
	BOSS	0.798	0.816	0.807
P. falciparum 的数据集 1 和 2	BOSS1	0.820	0.751	0.784
	BOSS2	0.911	0.910	0.910
	BOSS	0.920	0.928	0.924
Human 14 的数据集 1	BOSS1	0.661	0.528	0.587
	BOSS2	0.789	0.692	0.738
	BOSS	0.766	0.783	0.775

表 4-2（续）

数据集	方法	*TPR*	*PPV*	*F*1-*score*
Human 14 的数据集 2	BOSS1	0.305	0.452	0.364
	BOSS2	0.239	0.556	0.334
	BOSS	0.233	0.559	0.329
Human 14 的数据集 1 和 2	BOSS1	0.688	0.532	0.600
	BOSS2	0.806	0.697	0.748
	BOSS	0.767	0.745	0.756

在表 4-2 中，可以发现 BOSS2 的 $F1$-$score$ 值在大部分数据集上大于 BOSS1 的 $F1$-$score$ 值，BOSS 的 $F1$-$score$ 值在大部分数据集上大于 BOSS2，取得了最优的 $F1$-$score$ 值。对于 P. falciparum 的第二个数据集，BOSS2 的 $F1$-$score$ 值大于 BOSS。对于 Human 14 的第二个数据集，BOSS1 的 $F1$-$score$ 是最大的，BOSS 的 $F1$-$score$ 值小于 BOSS2，这是因为 Human 14 的第二个数据集的 insert size 特别大，达到 34 500 左右，而其覆盖度也非常小，只有 2 倍左右，因此 BOSS 在这组数据上取得的效果并不是特别好。综合看来，本章提出的构建 scaffold 图的统计方法和消除冲突的迭代策略对大多数据集都是有效的。

4.3.4 Scaffolding 结果

本方法和其他十一种比较流行的 scaffolding 方法进行了比较，这十一种 scaffolding 方法包括：Bambus2[147]，MIP[144]，OPERA[148]，SCARPA[141]，SOPRA[145]，SSPACE[143]，ABYSS[126]，SOAP2[132]，SGA[134]，BESST[150]，ScaffoldMatch[142]。有一部分 scaffolding 工具自身包含读数和 contig 的比对过程，针对这部分 scaffolding 工具，本书用其默认的比对工具。剩下的 scaffolding 工具需要用户自己完成比对过程，并以比对文件为原始输入数据，针对这些 scaffolding 工具，本书利用比对工具 bowtie2 分别把双端读数比对到 contig 集合上。其中前九个方法的结果由 Hunt 文章提供，后两个方法的实验结果由 ScaffoldMatch 提供。

（1）S. aureus 的 scaffolding 结果

S. aureus 这个物种的基因组长度并不大，所以 contig 数目并不多，只有 170 个 contig。通过表 4-3 可以看出，BOSS 的正确连接数目为 144 个，是所有 scaffolding 方法中最多的。BOSS 的错误连接数目为 5 个，虽然不是最少的，但是在一个可以接受的范围。BOSS 的遗漏连接数目为 20 个。在这组数据上，ScaffMatch 和 SOAP2 方法的正确连接数目分别为 144 个和 131 个。所有的方法的丢失连接都为 0 个。在 $F1$-$score$ 这个指标上，BOSS 是最高的，因此 BOSS 在综合衡量上能够产生最好的结果。此外，在 $CN50$ 这个指标上，BOSS 在所有方法中排第四，也说明其在传统评价指标上并不差。

表 4-3　Staphylococcus aureus 评价结果

Scaffolders	*CJ*	*IJ*	*LT*	*ST*	*TPR*	*PPV*	*F*1-*score*	*N*50	*CN*50
ABySS	99	2	0	13	0.593	0.904	0.716	619 764	619 764
Bambus2	95	2	0	25	0.569	0.852	0.682	242 814	242 650

表 4-3（续）

Scaffolders	CJ	IJ	LT	ST	TPR	PPV	F1-score	N50	CN50
MIP	0	0	0	0	—	—	—	—	—
OPERA	112	11	0	22	0.671	0.772	0.718	1 084 108	686 577
SCARPA	77	16	0	10	0.461	0.675	0.548	112 264	112 083
SGA	83	1	0	10	0.497	0.922	0.646	309 286	309 153
SOAP2	131	12	0	13	0.784	0.811	0.798	643 384	621 109
SOPRA	40	2	0	7	0.240	0.842	0.373	112 278	112 083
SSPACE	110	9	0	13	0.659	0.818	0.730	684 710	303 550
BESST	112	11	0	21	0.671	0.775	0.719	1716 351	335 064
ScaffMatch	139	14	0	23	0.832	0.779	0.805	1 476 925	351 546
BOSS	144	5	0	20	0.862	0.878	0.870	1 035 497	596 371

（2）R. sphaeroides 的 scaffolding 结果

R. sphaeroides 这个物种的基因组长度达到 4.6 百万碱基左右，contig 数目达到 577 个。通过表 4-4 可以看出，BOSS 方法产生的正确连接数目为 496 个，错误连接数目为 23 个，遗漏连接为 42 个。而 SOAP2 生成的正确连接数目为 468 个，错误连接数目为 8 个，遗漏连接为 26 个。SOAP2 和 BOSS 的 F1-score 和 CN50 上都非常接近，并且它们的 F1-score 比其他任何 scaffolding 方法都大。此外，BESST 这种方法的正确连接数目也达到了 482，但是其 F1-score 和 CN50 都要比 BOSS 和 SOAP2 差一点。

表 4-4　Rhodobacter sphaeroides 评价结果

Scaffolders	CJ	IJ	LT	ST	TPR	PPV	F1-score	N50	CN50
ABySS	384	7	0	54	0.674	0.904	0.772	280 984	276 804
Bambus2	329	8	0	44	0.577	0.896	0.702	146 002	145 952
MIP	419	37	4	16	0.735	0.823	0.777	488 095	487 941
OPERA	316	1	0	23	0.554	0.959	0.703	108 182	108 172
SCARPA	209	5	0	23	0.367	0.907	0.522	37 667	37 581
SGA	232	1	0	26	0.407	0.939	0.568	42 825	42 722
SOAP2	468	8	0	26	0.821	0.942	0.877	2 522 483	2 522 482
SOPRA	242	15	0	24	0.425	0.852	0.567	32 232	30 492
SSPACE	162	5	0	21	0.284	0.888	0.431	28 242	27 979
BESST	482	18	0	40	0.846	0.896	0.870	1 021 151	1 020 921
ScaffMatch	367	2	0	15	0.644	0.970	0.774	2 547 006	2 528 248
BOSS	496	23	0	42	0.870	0.881	0.876	2 548 917	2 546 780

（3）P. falciparum 的 scaffolding 结果

P. falciparum 的基因组长度比较长，达到 23.3 百万碱基左右。这组物种的 contig 数目也比较多，达到 9 318 个。由于该物种包含两个不同的双端读数文库，因此本章首先分别利用该物种的两个双端读数文库进行 scaffolding(结果见表 4-5 和表 4-6 所示),最后再同时利用这两个双端读数文库进行 scaffolding(结果见表 4-7 所示)。

在表 4-5 中,可以发现,BOSS 的正确连接数目达到 5 975 个,虽然在错误连接数目上 BOSS 并不具有优势,但是其得到了最优的 $F1\text{-}score$ 值,同时在 $CN50$ 这个指标上也是最优的。

在表 4-6 中,MIP 的正确连接数为 7 754 个,是所有方法中最多的,但是 MIP 同时也产生了 707 个错误连接,494 个丢失连接和 731 个遗漏连接,因此其最终的 $F1\text{-}score$ 并不是最优的。SOAP2 虽然正确连接数目不多,但是其错误连接也比较少,因此得到了最优的 $F1\text{-}score$ 值。BOSS 的正确连接数目为 7 419 个,排在所有方法中的第二位,但是其也产生了较多的错误连接,因此其 $F1\text{-}score$ 值排在第三位。

表 4-5 基于 Plasmodium falciparum 第一个数据集的评价结果

Scaffolders	CJ	IJ	LT	ST	TPR	PPV	F1-score	N50	CN50
ABySS	5 485	69	0	25	0.590	0.973	0.734	5 862	5 689
Bambus2	2857	37	0	217	0.307	0.940	0.463	3 193	3 093
MIP	5 544	359	28	15	0.596	0.876	0.710	6 158	5 485
OPERA	3 706	116	0	371	0.398	0.899	0.552	5 035	4 824
SCARPA	4 830	221	125	38	0.519	0.872	0.651	4 912	4 628
SGA	4 940	46	0	100	0.531	0.972	0.687	5 324	5 104
SOAP2	5 540	84	0	47	0.596	0.967	0.737	6 234	5 981
SOPRA	4 897	174	0	34	0.526	0.931	0.672	4 954	4 632
SSPACE	5 746	127	0	12	0.618	0.957	0.751	6 011	5 845
BESST	2 632	462	0	84	0.283	0.732	0.408	7 471	3 931
ScaffMatch	5 648	287	0	37	0.607	0.905	0.727	8 626	5 872
BOSS	5 975	248	0	32	0.642	0.921	0.757	7 308	6 723

表 4-6 基于 Plasmodium falciparum 第二个数据集的评价结果

Scaffolders	CJ	IJ	LT	ST	TPR	PPV	F1-score	N50	CN50
ABySS	2 293	49	0	416	0.247	0.882	0.385	3 734	3 548
Bambus2	5102	59	0	1 935	0.548	0.825	0.659	29 705	24 913
MIP	7 754	707	494	731	0.834	0.737	0.782	88 297	78 672
OPERA	6 257	97	0	1 339	0.673	0.879	0.762	44 667	40 170
SCARPA	4 882	117	36	714	0.525	0.880	0.658	14 037	9 708
SGA	2 902	2	0	652	0.312	0.898	0.463	4 438	4 096
SOAP2	7 659	351	0	803	0.823	0.874	0.848	167 570	83 851
SOPRA	7 247	181	0	656	0.779	0.913	0.841	49 671	44 158
SSPACE	4 365	17	0	1 245	0.469	0.869	0.609	15 948	14 189
BESST	1 307	46	0	327	0.141	0.836	0.241	4 133	2 813
ScaffMatch	6 970	260	0	1 751	0.749	0.833	0.789	41 564	25 380
BOSS	7 419	470	0	1 462	0.798	0.816	0.807	76 831	41 075

在表 4-7 中,BOSS 产生了 7 419 个正确连接、314 个错误连接以及 74 个遗漏连接,并得到了最优的 $F1$-$score$ 和 $CN50$。并且其结果在 $F1$-$score$ 和 $CN50$ 两个指标上都要比只使用单独一个数据集进行 scaffolding 更优的值。多个数据集集合使用进行 scaffolding 会取得更令人满意的结果。但是也有一部分 scaffolding 方法在使用多个数据集时,结果反而会降低,这主要由于它们在考虑两个 contig 是否紧邻时,同时要满足多个数据集比对特征,而对于一些 gap 距离较大的 contig 之间,无法在较小 insert size 数据集上取得比对数据的支持。

表 4-7　基于 Plasmodium falciparum 第一和第二个数据集的评价结果

Scaffolders	CJ	IJ	LT	ST	TPR	PPV	F1-score	N50	CN50
ABySS	5 724	68	0	101	0.615	0.968	0.753	6 828	6 529
Bambus2	0	0	0	0	—	—	—	—	—
MIP	8 082	513	44	75	0.869	0.875	0.872	56 672	38 704
OPERA	6 434	177	0	1 171	0.692	0.873	0.772	42 450	38 409
SCARPA	7 336	370	237	251	0.789	0.846	0.816	36 945	23 951
SGA	4910	44	0	419	0.528	0.943	0.677	6 606	6 134
SOAP2	5 977	228	0	254	0.643	0.911	0.754	12 076	10 629
SOPRA	7 018	60	0	171	0.754	0.972	0.849	16 366	15 511
SSPACE	5 857	82	0	38	0.630	0.970	0.764	6 206	5 912
BESST	3 929	541	0	384	0.422	0.755	0.542	25 300	7 621
ScaffMatch2	8 223	425	0	654	0.884	0.875	0.879	78 627	47 662
BOSS	8 559	314	0	74	0.920	0.928	0.924	80 036	62 896

（4）Human14 的 scaffolding 结果

Human14 的基因组长度达到了 88 百万碱基左右,contig 数目达到了 19 936 个。由于 Human14 有两个双端读数文库,本章首先分别利用两个双端读数文库进行 scaffolding,结果见表 4-8 和表 4-9 所示。然后再利用两个双端读数文库同时进行 scaffolding,结果见表 4-10 所示。

从表 4-8 中可以发现,SOAP2 得到了最多的正确连接数,也具有最优的 $F1$-$score$ 值。而 BOSS 由于产生了最多的错误连接,因此其 $F1$-$score$ 值排在第三位。

表 4-8　基于 Human 14 第一个数据集的评价结果

Scaffolders	CJ	IJ	LT	ST	TPR	PPV	F1-score	N50	CN50
ABySS	9 374	56	0	3 255	0.470	0.843	0.604	195 177	191 188
Bambus2	10 567	61	0	4 271	0.530	0.824	0.645	98 162	85 659
MIP	13 899	954	205	2 735	0.697	0.790	0.741	244 064	235 731
OPERA	12 291	112	0	2 991	0.617	0.877	0.724	214 972	207 047
SCARPA	9 938	162	18	1 829	0.499	0.886	0.638	58 330	55 760
SGA	9 761	6	0	3 214	0.490	0.858	0.623	134 574	133 192

表 4-8(续)

Scaffolders	CJ	IJ	LT	ST	TPR	PPV	F1-score	N50	CN50
SOAP2	15 740	390	0	2 378	0.790	0.889	0.836	282 437	234 561
SOPRA	14 761	381	0	1 441	0.740	0.909	0.816	100 768	96 436
SSPACE	8 776	29	0	2 835	0.440	0.856	0.581	67 970	67 344
BESST	7 970	355	0	2 165	0.400	0.816	0.537	146 749	80 218
ScaffMatch	12 411	252	0	3 480	0.623	0.847	0.718	131 135	80 329
BOSS	15 272	1 319	0	3 175	0.766	0.783	0.775	216 675	132 718

从表 4-9 中可以看出,所有的方法的 $F1\text{-}score$ 和 $CN50$ 都比较低,其主要原因是该数据集的覆盖度太低,只有 2 倍左右,这会使很多 contig 之间缺乏足够的双端读数支持,进而影响 scaffolding 结果。ScaffMatch 的 $F1\text{-}score$ 是最优的,而 BOSS 在 $F1\text{-}score$ 上排在第三位。从表 4-10 中可以看出,SOAP2 在 $F1\text{-}score$ 值取得最好的结果。但是 OPERA 方法的 $CN50$ 取得最优的结果。而 BOSS 虽然正确连接数据比较多,但是也产生了较多的错误连接,造成最终 $F1\text{-}score$ 排在了第三位。

表 4-9 基于 Human 14 第二个数据集的评价结果

Scaffolders	CJ	IJ	LT	ST	TPR	PPV	F1-score	N50	CN50
ABySS	27	0	0	22	0.001	0.711	0.003	12 262	12 215
Bambus2	3 573	46	0	3 132	0.179	0.683	0.284	278 682	72 210
MIP	5 898	1 092	327	4 861	0.296	0.528	0.379	272 440	49 800
OPERA	3 687	677	0	3 226	0.185	0.554	0.277	73 477	20 677
SCARPA	1 603	31	2	1 466	0.080	0.667	0.144	43 969	17 786
SGA	0	0	0	0	—	—	—	—	—
SOAP2	4 516	294	0	3 301	0.227	0.669	0.338	220 644	86 679
SOPRA	1 905	20	0	1 744	0.096	0.676	0.167	53 608	23 973
SSPACE	284	0	0	237	0.014	0.706	0.028	13 880	12 634
BESST	123	13	0	98	0.006	0.621	0.012	13 815	8 828
ScaffMatch	5 938	443	0	198	0.298	0.858	0.442	148 412	42 523
BOSS	4 651	739	0	4 390	0.233	0.559	0.329	156 553	43 111

表 4-10 基于 Human 14 第一和第二个数据集的评价结果

Scaffolders	CJ	IJ	LT	ST	TPR	PPV	F1-score	N50	CN50
ABySS	9 391	42	0	3 076	0.471	0.853	0.607	198 501	195 474
Bambus2	10 282	158	0	5 705	0.516	0.764	0.616	299 753	99 505
MIP	6 872	340	107	2 467	0.345	0.764	0.475	22 741	19 172
OPERA	12 853	58	0	3 409	0.645	0.876	0.743	1 692 782	1 062 031
SCARPA	10 712	161	11	2 376	0.537	0.875	0.666	134 364	106 654

表 4-10（续）

Scaffolders	CJ	IJ	LT	ST	TPR	PPV	F1-score	N50	CN50
SGA	9 764	3	0	3 214	0.490	0.858	0.624	134 574	133 192
SOAP2	15 748	382	0	2 575	0.790	0.885	0.835	561 198	447 849
SOPRA	13 172	54	0	3 026	0.661	0.890	0.759	167 307	155 422
SSPACE	8 778	26	0	2 835	0.440	0.857	0.582	67 970	67 344
BESST	8 287	286	0	2 347	0.416	0.826	0.553	295 976	114 434
ScaffMatch	12 658	8	0	3 874	0.635	0.866	0.733	802 755	195 239
BOSS	15 298	1 689	0	3 742	0.767	0.745	0.756	425 575	135 241

4.3.5 讨论

通过对 BOSS 在不同物种数据集上的 saffolding 结果的分析，本书发现 BOSS 在部分数据集上表现出了较好的 scaffolding 结果。本书定义一个比率 w 等于比对上的读数数目与基因组长度之间的比率。S. aureus 和 P. falciparum 第一个数据集的 w 值分别为 0.661 和 1.753。BOSS 也得到最好的 $F1\text{-}score$ 值。本书推测，对于 w 值较大的数据集，BOSS 能够产生更令人满意的 scaffolding 结果。对于 R. sphaeroides 数据集、P. falciparum 第二个数据集、和 Human 14 的两个数据集，它们的 w 值分别为 0.316, 0.219, 0.188 和 0.024，BOSS 也可以产生可接受的 scaffolding 结果。当 w 值较大时，相邻 contig 之间能够比对上的双端读数会相对较多，这有助于本书提出的统计方法确定边以及边的权重，这也是 w 值能够影响 BOSS 结果的原因。

4.4 本章小结

本章提出了一种 scaffolding 方法 BOSS，该方法用于确定 contig 之间的方向和顺序。BOSS 采用新的统计方法来决定 contig 之间的边是否应该添加以及如何确定边的权重，并构建 scaffold 图。此外，BOSS 采用线性规划和迭代策略来检测和消除 scaffold 图中的方向冲突和顺序冲突。通过删除一些边，进而保证 scaffold 图中不存在各种类型的冲突。最后，BOSS 在 scaffold 图中对节点进行广度优先遍历排序，从而产生了最终 scaffold，这些 scaffold 中包含确定了方向和顺序的 contig。在四个不同的物种进行了 scaffolding 实验，结果表明，BOSS 产生了较好的 scaffolding 结果。

5 基于长读数和 contig 分类的 scaffolding 方法

5.1 引 言

在 scaffolding 中如何解决重复区域的问题受到了广泛的关注。在过去的几年里,第三代测序技术测序的长序列已被证明对基因组中重复区域的测序是有用的。虽然已经提出了一些基于长读数的 scaffolding 算法,但 scaffolding 算法仍然需要一种新的策略来充分利用长读数的特性。

在这里,本章提出了一种新的基于长读数和 contig 分类的 scaffolding 算法(SLR)。通过长读数和 contig 的比对信息,SLR 将 contig 分为唯一 contig 和模糊 contig,以解决重复区域的问题。接下来,SLR 只使用唯一的 contig 来制作延伸 scaffold。然后 SLR 将模糊的 contig 插入到 draft scaffold 中,生成最终的 scaffold。通过使用太平洋生物科学公司和牛津纳米孔技术测序的长读数数据集,在本章中 SLR 与三种流行的 scaffolding 工具进行了比较。实验结果表明,SLR 在精度和完整性方面都有较好的效果。

5.2 基于长读数和 contig 分类的 scaffolding 方法

虽然一些基于长读数的 scaffolding 工具已经取得了很大的进展,但是有两个主要问题仍然需要更多的关注:(1)图构造和(2)边加权。当长读数连接一个重复区域的两个侧翼区域时,可以直接获得两个侧翼区域的顺序和方向,从而解决重复区域的问题。此外,一个重复区域的 contig 通常可以与多个长读数区域对齐,它们的 5'端(或 3'端)相邻区域不相同。将长读数比对到 contig 后,根据长序列中重叠序列的比对位置,判断重叠序列是否重复。构建 scaffolding 图时,很难避免重复的 contig 和测序错误所引入的伪边。但是,可以通过检测 scaffolding 图中的方向和位置矛盾来识别假边。仅使用非重复 contig 构造 scaffolding 图,不仅简化了 scaffolding 图的复杂度,而且提高了伪边检测的准确性。

本章提出了一种基于长读数和 contig 分类的 scaffolding 算法 SLR,SLR 利用两种新的策略来解决上述两个问题。对于问题(1),SLR 将 contig 分为唯一的 contig 和模糊的 contig。SLR 利用唯一的 contig 构造 scaffolding 图,降低了 scaffolding 图的复杂度,简化了后续的 scaffolding 步骤。对于第(2)个问题,SLR 使用比对长度对 scaffolding 图中的每条边进行加权。此外,SLR 采用线性规划来检测和去除 scaffolding 图中的矛盾,保证 scaffolding 图只包含简单的路径。

基于这两种新策略,SLR 确定了 contig 的方向和顺序。在实验中,通过与 Pacific Biosciences 和 Oxford Nanopore technologies 产生的 5 个长读数数据集,将 SLR 与 3 种流行的 scaffolding 工具进行了比较。实验结果表明,对于大多数数据集,SLR 不仅能够有效提高准确性,在克服重复区域带来的问题上也表现突出。

SLR 算法共分为四个步骤:① 产生局部 scaffold;② 将 contig 进行分类;③ 构建 scaffold 图;④ 生成 scaffold。假设一个 contig 集 C 和一个长读数集 L 作为输入,在步骤① 中,使用 BWA-MEM 比对工具将 contig 集 C 比对到长读数数据集 L 上,对于可以比对到任意长读数的多个 contig,SLR 确定这些 contig 的顺序和方向;在步骤②中,SLR 根据其在局部 contig 的位置将 contig 分为唯一 contig 和模糊 contig;在步骤③中,SLR 基于唯一的 contig 构造 scaffold 图,然后检测并去除 scaffold 图中的矛盾;在步骤④中,SLR 从 scaffold 图中提取简单路径,以生成一个初步的 scaffold 集合 Scaffold_Set_1,然后 SLR 将模糊 contig 插入到 Scaffold_Set_1 中。针对每个步骤,将在接下来的小节中详细介绍。首先将对一些特殊符号进行初步定义,长读数的长度都大于 L_r,contig 的长度都大于 L_c,如果一个 contig 和另一个 contig 是包含关系,SLR 将在后面步骤中忽略被包含的 contig。

5.2.1 产生局部 scaffold

SLR 利用 BWA-MEM 将 contig 集 C 比对到长读数数据集 L 上,生成 sam 格式文件,并使用 Bamtools 工具将 SAM 文件转换成 BAM 格式文件,由于长读数的高测序错误率,导致比对位置通常与实际位置有偏差,针对这个问题,SLR 对比对位置进行了修正,以得到较为准确的结果。

修正步骤如下:假设第 j 个长读数 lr_j 和第 i 个 contig c_i,假设比对区域是在 lr_j 上是 $[sr_{ij}, er_{ij}]$,在 c_i 上的比对区域是 $[sc_{ij}, ec_{ij}]$,$[sr'_{ij}, er'_{ij}]$ 和 $[sc'_{ij}, ec'_{ij}]$ 分别是修正后的位置,如图 5-1 所示。

图 5-1　长读数和 contig 的位置修正

如果 $sr_{ij} < sc_{ij}$,$sr'_{ij} = 0$,$sc'_{ij} = sc_{ij} - sr_{ij}$;否则 $sc'_{ij} = 0$,$sr'_{ij} = sr_{ij} - sc_{ij}$。如果 $len(lr_j) - er_{ij} > len(c_i) - ec_{ij}$,$er'_{ij} = er_{ij} + len(c_i) - ec_{ij}$,$ec'_{ij} = len(c_i) - 1$;否则,$ec'_{ij} = ec_{ij} + len(lr_i) - er_{ij}$,并且,$er'_{ij} = len(lr_j) - 1$。$len(c_i)$ 和 $len(lr_i)$ 分别是 c_i 和 lr_i 的序列长度。

修正后的比对位置如果满足下列条件,则认为比对是可靠的:

映射质量高于 s_m(默认值为 20);

$(er_{ij} - sr_{ij})$ 和 $(ec_{ij} - sc_{ij})$ 的值都大于 l_m(默认为 100);

每个 $sr_{ij}, er_{ij}, sc_{ij}, ec_{ij}$ 原来的位置和其修正后的位置之间的差异小于 α(一个阈值,默认 150)。

一个局部的 scaffold 由比对到同一条长读数上的有顺序和方向的 contig 组成,第 i 个局部 scaffold 表示为 ls_i 由顶点序列 $s_{i1}, s_{i2}, \cdots s_{im}$ 组成,其中 m 为第 i 个局部 scaffold 中的 contig 数量。s_{ij} 由一个四元组表示 $(sc_{ij}, sco_{ij}, scg_{ij}, scl_{ij})$;$sc_{ij}$ 是指 ls_i 中的第 j 个 contig;sco_{ij} 表示长读数与 contig 的比对方向,当 $sco_{ij} = 1$ 表示正向比对;$sco_{ij} = 0$ 表示反向比对,scg_{ij} 表示 sc_{ij} 和 $sc_{i(j+1)}$ 的间隔距离(gap distance),对于最后一个顶点,间隔距离则设置为

$0;scl_{ij}$ 则是 sc_{ij} 和长读数能够比对上的距离。请注意,如果有两个或两个以上的 scaffold 与长读数的同一端对齐,SLR 只保留最大对齐长度的 contig,如图 5-2 所示,C_2 和 C_6 都不被保留。

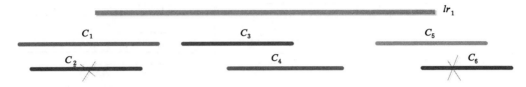

图 5-2　contig 比对到长读数 lr_1 的情况

如果 $1 < j < m$,sc_{ij} 和 $sc_{i(j+1)}$ 在 ls_i 中位置相邻,如果 $sco_{ij} = 1$,sc_{ij} 的 5′端和 $sc_{i(j-1)}$($j > 1$)相邻,sc_{ij} 的 3′端与 $sc_{i(j+1)}$($j < m$)相邻。如果 $sco_{ij} = 0$,sc_{ij} 的 3′端和 $sc_{i(j-1)}$($j > 1$)相邻,sc_{ij} 的 5′端与 $sc_{i(j+1)}$($j < m$)相邻。在这个步骤中,SLR 最终获得了一个局部 scaffold 集合 LS,由于测序错误高,一些 contig 可能与连接其左和右的长读数不一致。为了解决这个问题,SLR 删除了一些局部 scaffold,例如,局部 scaffold ls_1 是(A,C),局部 scaffold ls_2 是(B,C)。如果 ls_2 中 $len(B)$ 与 B、C 之间的间隙距离之和小于 ls_1 中 A、C 之间的间隙距离,且存在局部 scaffold(A、B、C),则 SLR 将移除 ls_1。

5.2.2　contig 分类

重复区域是 scaffold 构建过程中的关键问题。构建 scaffold 图时,一个重复的 contig 的 5′端(或 3′端)通常可以与两个或两个以上的其他的 contig 连接,使 scaffold 图复杂化。由于重复的 contig 在许多不同的局部 scaffold 中普遍存在,所以它们有两个或两个以上不同的 5′端(或 3′端)相邻 contig。当一个 contig 不在任何局部 scaffold 的中间位置时,长读数就不能跨过两个相邻的 contig,而这个 contig 通常是一个长且唯一的 contig。虽然该 contig 有多个 5′端或 3′端相邻的 contig,但是 SLR 通过去除矛盾的步骤来识别正确的相邻的 contig,因此,SLR 可以根据一个 contig 在局部 scaffold 中的位置来判断它是否是唯一的。

为了减少短重复 contig 的负面影响,SLR 将长度小于 L_{ca}(用户可设置的阈值)的 contig 视为模糊的 contig。这些短片段在局部 scaffold 中被暂时忽略。然后,使用下面的方法对超过 L_{ca} 的重叠区域进行分类。

如果下列情况成立,SLR 认为 contig 是模糊的:(1)contig 在一个或多个局部 scaffold 的中间位置;(2)与 contig 相邻的 5′端(或 3′端)contig 的数量大于 1。当所有模糊的 contig 被识别后,剩下的被认为是唯一的。这样 contig 就被分为了唯一的 contig 和模糊的 contig,例子如图 5-3 所示。

在图 5-3(a)中,lr_1,lr_2,lr_3 和 lr_4 是长读数,C_1 和 C_2 比对到 lr_1 上,C_3、C_4 和 C_5 与 lr_2 对齐,C_6、C_4、C_7 与 lr_3 对齐,C_7、C_8、C_9 与 lr_4 对齐,C_{10}、C_{11}、C_{12} 与 lr_5 对齐,C_9、C_{11}、C_{13} 和 C_2 与 lr_6 对齐。假设所有这些序列都是同前的,所有的 contig 都比 Lca 长。图 5-3(b)是根据图 5-3(a)中描述的对齐结果,SLR 获得 6 个局部 scaffold:ls_1、ls_2、ls_3、ls_4、ls_5、ls_6。图 5-3(c) scaffold 图 G_1 使用全部 contig 构建。可以发现 G_1 很复杂。图 5-3(d)根据 5.2.2 节所述的 contig 分类方法,将 contig 分为两类。因为 C_4 位于 ls_2 和 ls_3 的中间位置,

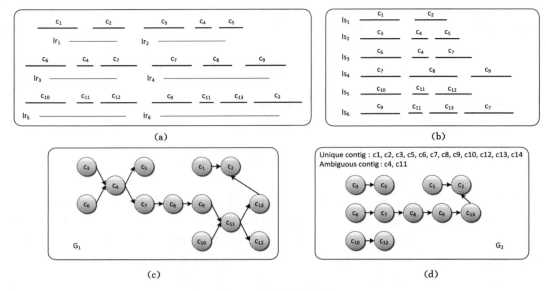

图 5-3　算法实现过程

有两个截然不同的 3'端邻接和两个截然不同的 5'端邻接的 contig，所以将其识别为一个模糊的 contig。C_{11} 也是一个模糊的 contig。剩下的 contig 被识别为唯一的 contig。scaffold 图 G_2 是基于唯一的 contig 构建的，因此比 G_1 简单。

5.2.3　构建 scaffold 图

scaffold 图 G 由顶点集 V 和边集 E 表示。顶点 v_i 对应于 contig 集合中的 c_i。边 e_{ij} 由五元组（v_i，v_j，o_{ij}，g_{ij}，w_{ij}）表示：e_{ij} 是连接两个顶点 v_i 和 v_j 的边，g_{ij} 是顶点 v_i 和 v_j 的间隙距离，o_{ij} 表示相对方向，两个顶点之间一共有四种方向关系：(1) v_i 的 3'端与 v_j 的 5'端相连；(2) v_i 的 5'端与 v_j 的 3'端相连；(3) v_i 的 5'端与 v_j 的 5'端相连，(4) v_i 的 3'端与 v_j 的 3'端相连。类型(1)和(2)表示 v_i 和 v_j 同向，对于其他两种类型，表示 v_i 和 v_j 在相反的方向上。w_{ij} 是 edge 的权重，权重越大越可靠。

忽略模糊的 contig，只使用唯一的 contig 构造 scaffold 图 G，可以显著简化 G，以减少判断唯一的 contig 的顺序和方向的困难。因此，所有唯一的 contig 构成了顶点集 V。下面，将描述如何创建边集 E，使用唯一的 contig 构造 scaffold 图的优越性如图 5-3 所示。

首先，SLR 忽略了所有局部 scaffold 中模糊的 contig，因此，一些不相邻的唯一的 contig 可能在一个局部 scaffold 中成为相邻的 contig。假设 LS 中的第 i 个局部 scaffold 是 $ls_i(s_{i1}, s_{i2}, \cdots s_{im})$ 包含两个相邻的唯一 contig sc_{ip} 和 sc_{is}。通过公式(5-1)可以重新计算 sc_{ip} 和 sc_{is} 之间的间隔距离；否则，间隔距离等于 scg_{ip}。$GD(sc_{ip}, sc_{is}, lr_i)$ 表示 sc_{ip} 和 sc_{is} 比对到 ls_i 的间隔距离。除此之外，SLR 可以获得一个权重值，是 scl_{ip} 和 scl_{is} 中的较小的值，权重值可以用来评价 sc_{ip} 和 sc_{is} 之间关系的置信度，随着权重值的增大，两个唯一的 contig 的顺序变得更加可靠。

$$GD(sc_{ip}, sc_{ip}, lr_i) = \sum_{j=p}^{s-1} scg_{ij} + \sum_{j=p+1}^{s-1} len(sc_{ij}) \tag{5-1}$$

假设 sc_{ip} 由 c_a 表示，sc_{is} 由 c_b 表示，对于 c_a 和 c_b，SLR 选择 c_a 和 c_b 相邻的所有局部

scaffold。接下来，SLR 根据这些局部 scaffold 来确定 c_a 和 c_b 之间的间隔距离，相对方向和权重。对于两个唯一的 contig，相对的顺序和方向应该是唯一的。如果从局部 scaffold 获得不同的 σ_{ab} 值，SLR 只保留 σ_{ab} 值相同的局部 scaffold 集合 LS_{ab}，且 LS_{ab} 中元素数量最大。c_a 和 c_b 之间的间隙距离按公式（5-2）计算。此外，可以得到 LS_{ab} 中每个局部 scaffold 的权重值。通过寻找 LS_{ab} 中局部 scaffold 获得的最大权重值，可以得到 c_a 和 c_b 的最终权重（记为 w_{ab}）。然后，SLR 将一条边 e_{ab} 加到 G 上。在 LS 中处理完所有的唯一 contig 后，SLR 可以构建草图 scaffold 图 G，用于后续步骤。

$$g_{ab} = \frac{\sum_{i=1}^{n} GD(c_a, c_b, ls_i)}{n} \tag{5-2}$$

其中，n 是 LS_{ab} 的元素数量，$ls_i \in LS_{ab}$。

5.2.4　移除伪边

由于长读数和复杂重复区域的排序错误，scaffold 图 G 仍然可能包含一些假边。检测和去除 G 中的假边可以看作是检测和去除方向和位置的矛盾。

首先，SLR 检测并删除方向矛盾。对于边 $e_{ij} \in G$，如果 $o_i \neq o_j$，SLR 构造约束方程（5-3）。如果 $o_i = o_j$，SLR 构造约束方程（5-4）。

$$\eta_{ij} \leqslant o_i + o_j \leqslant 2 - \eta_{ij} \tag{5-3}$$

$$\eta_{ij} - 1 \leqslant o_i + o_j \leqslant 1 - \eta_{ij} \tag{5-4}$$

其中，$\eta_{ij} \in \{0,1\}$ 是表示边 e_{ij} 是否虚假的变量，$o_i \in \{0,1\}$ 是表示顶点 v_i 的方向，目标函数是 $MAX(\sum (w_{ij} \times \eta_{ij}))$。

其次，SLR 检测并删除位置矛盾。对于边 e_{ij} 满足 $e_{ij} \in G$，SLR 构造约束方程式（5-5）如下所示：

$$L(\varphi_{ij} - 1) \leqslant p_j - p_i - len(c_i) - gd_{ij} \leqslant L(1 - \varphi_{ij}) \tag{5-5}$$

其中，p_i 是一个表示顶点 v_i 位置的变量，φ_{ij} 是一个取值范围是 $[0,1]$ 的松弛变量，反映了 g_{ij} 和 $|p_j - p_i|$ 两者之间的一致性。目标函数是 $MAX(\sum (w_{ij} \times \varphi_{ij}))$，对于边，如果指定位置计算出的间隙距离与原位置距离较远，则认为边是假的，然后 SLR 将其从 G 中删除。

在消除了方向和位置的矛盾后，如果有两个或多个边连接一个顶点的同一端点，SLR 只保留权值最高的边，并删除其他边。因此，scaffold 图 G 只包含简单的路径。

5.2.5　构造 scaffold

G 中的每一个简单路径都指向一个 scaffold，SLR 选择所有简单路径并构造一个 scaffold 集合。SLR 扫描局部 scaffold 再次设置 LS 并找到包含它们的局部 scaffold。如果在局部 scaffold 上这些顶点之间存在有模糊的 contig，则这些顺序有方向的模糊 contig 对应一条路径。如果有两个或多个不同的路径，SLR 会选择支持它的局部 scaffold 数量最多的路径，然后将其插入两个顶点之间。值得注意的是，一个模糊的 contig 可能在 scaffold 中出现两次或两次以上。

接下来，SLR 选择包含第一个 contig 的局部 scaffold。SLR 基于这些局部 scaffold 构建 scaffold 图。如果一个简单的路径从 scaffold 图的第一个 contig 开始，它与 scaffold 的头部合并在一起。以同样的方式，SLR 延伸 scaffold 的尾部。一旦一个 scaffold 的前 t 个

contig 与另一个 scaffold 的后 t 个 contig 相同（t 是用户设置的阈值），SLR 将它们合并在一起形成一个新的 scaffold。用同样的方法，SLR 将 scaffold 翻转过来，检测是否可以与其他 scaffold 融合。最后，SLR 输出 scaffold 作为最终结果。

5.3　实验结果

　　为了评估 SLR 的性能，本章将 SLR 与三种流行的基于长读数的 scaffolding 工具进行了比较，包括 SSPACE-LongRead（SSPACE-LR）、LINKS 和 npScarf。

　　QUAST[70] 将 contig（或 scaffold）与参考基因组比对并获得一些指标。$NG50$ 指将 contig 从长到短进行排序后，覆盖基因组一半的 contig 的长度，该长度或更长长度的所有 contig（或 scaffold）长度之和覆盖参考基因组长度的一半。$N50$ 该长度或更长长度的所有的 contig（或 scaffold）至少覆盖所有 contig（或 scaffold）长度的一半。Misassembly（Errors）是在 contig（或 scaffold）中发生错误（移位、反转、重定位）的位置（断点）的数量。$NGA50$ 是 contig（或 scaffold）在每个断点被破坏后的 $NG50$。基因组分数是指参考基因组中碱基对齐的百分比。通常，装配错误可以代表 scaffold 结果的准确性，而 $NGA50$ 和 $NA50$ 可以反映 scaffold 结果的完整性和连续性。在下面的实验中，使用 QUAST 来评估各 scaffolding 工具结果。

5.3.1　实验数据与性能指标

　　使用的 contig 和长读数数据集分别是来自大肠杆菌（E. coli）、酿酒酵母 W303（S. cerevisiae）和人类染色体 X（ChrX）的数据集作为输入。大肠杆菌和酿酒酵母包含两个不同的长读数数据集，分别由 Pacific Biosciences 和 Oxford Nanopore technologies 测序，并由不同的组装工具组装的两个不同的 contig 集合组成。Chr X 的长读数来自太平洋生物科技公司。长读数数据集的详细信息如表 5-1 所示。用 QUAST 评价的 contig 集合如表 5-2 所示。

表 5-1　长读数数据集详情

	E. coli		S. cerevisiae		Chr X
Genome size(Mbp)	4.6		12.1		155.2
Sequencing technology	SMRT	Nanopore	SMRT	Nanopore	SMRT
Read N50(bp)	5 189	8 484	6 794	8 608	11 030
Number of reads	81 737	20 750	594 243	410 344	1 135 220
Name	E. coli_ SMRT	E. coli _ONT	S. cerevisiae _SMRT	S. erevisiae _ONT	ChrX_SMRT

表 5-2 contig 数据集详情

contig set	Count	Errors	Genome Fraction/%	Mismatches	Indels	Largest alignment	NG50	NGA50
E. coli_1	182	2	99.363	1.32	0.37	315 628	106 208	106 208
E. coli_2	167	7	99.351	2.28	0.11	360 084	164 044	164 044
S. cerevisiae_1	3 179	35	96.688	79.03	8.42	233 103	47 994	52 239
S. cerevisiae_2	6 953	53	96.687	85.54	8.76	250 180	49 258	54 160
Chr X_1	8 623	41	97.037	2.40	1.28	793 618	76 506	71 372

然后,这些 contig 集合和长读数集合形成 9 个数据集用于组装 scaffold,如表 5-3 所示,并且每个数据集包括一个 contig 集和一个长读数数据集。九个数据集分别是 E. coli_1 _SMRT, E. coli_2_SMRT, S. cerevisiae_1_SMRT, S. cerevisiae_2_SMRT, ChrX_1_ SMRT, E. coli_1_ONT, E. coli_2_ONT, S. cerevisiae_1_ONT, and S. cerevisiae_2 _ONT。

表 5-3 用于搭建和评估 SLR 和 SLR1 的数据集

Dataset	Genome	contig set	Long read set	Misassemblies		NGA50	
				SLR	SLR1	SLR	SLR1
E. coli_1_SMRT	E. coli	E. coli_1	E. coli_SMRT	4	12	723 879	295 999
E. coli_2_SMRT	E. coli	E. coli_2	E. coli_SMRT	10	11	565 864	197 175
S. cerevisiae _1_SMRT	S. cerevisiae	S. cerevisiae_1	S. cerevisiae _SMRT	52	57	374 744	232 712
S. cerevisiae _2_SMRT	S. cerevisiae	S. cerevisiae_2	S. cerevisiae _SMRT	71	67	270 402	201 922
Chr X_1_SMRT	Chr X	Chr X_1	Chr X_SMRT	83	82	2 390 483	2 165 615
E. coli_1_ONT	E. coli	E. coli_1	E. coli_ONT	4	8	2 927 247	674 408
E. coli_2_ONT	E. coli	E. coli_2	E. coli_ONT	9	14	733 062	361 345
S. cerevisiae_1_ONT	S. cerevisiae	S. cerevisiae_1	S. cerevisiae_ONT	46	66	374 835	244 417
S. cerevisiae_2_ONT	S. cerevisiae	S. cerevisiae_2	S. cerevisiae_ONT	68	85	270 362	201 066

5.3.2 数据结果分析

通过 SMRT 技术获得了前 5 个长读数数据集,最后四个数据集的长读数由纳米孔测序技术获得。所有的搭建工具都在这 9 个数据集上运行,来自 QUAST 的详细评估结果显示在表 5-4 和表 5-5 中。表 5-4 详细描述了来自 SMRT 的五组数据集被四种组装工具组装后的组装表现,表 5-5 是四种工具对来自纳米孔测序技术的数据集组装后的表现结果。其中,count:表示最后每种数据被组装的 scaffold 的数量;MA:Missassemblies,表示错误组装的个数,该值越小越好;Genome Fraction:基因组分数,该数值越大越好;Mismatches:每 100 kbp 错误匹配比例;Indels:表示每 100 kbp 时 insert 和 delete 错误数量比例;Largest align-ment:最大的对齐;NG50:表示被组装到整个基因组一半时,对应的 scaffold 长度;NGA50:

纠错过的 NG50。其中,指标 count、MA、Mismatches 和 Indels 的值是越小越好,剩余的指标值越大越好。从表 5-4 和表 5-5 中可以了解到,SLR 在 9 组数据集中,每个指标虽然有浮动,但是整的考虑,SLR 一直处于领先地位,工具 npscarf 在多组数据集中表现优异,而 SSPACE-LR 和 LINKS 则略显落后。

(1) contig 分类的有效性

为了验证本书提出的 contig 分类方法的有效性,去掉了 SLR 中的 contig 分类步骤,并将这个新算法命名为 SLR1。然后,在所有数据集上用 SLR1 对 SLR 进行基准测试。SLR 和 SLR1 的搭建结果如表 5-3 所示。可以看到 SLR 在错误装配和 NGA50 方面比 SLR1 表现得更好。因此,可以证明本章提出的 contig 分类方法是有效的。

表 5-4　基于 SMRT 数据集的评估结果

Data set	Tool	Count	MA	Genome Fraction	Mismat -ches	Indels	Largest alignment	NG50	NGA50
E. coli_1_SMRT	SSPACE-LR	102	10	99.550	2.12	1.21	952 193	1 084 156	538 319
	LINKS	111	6	99.351	1.71	1.02	855 618	506 227	445 266
	npscarf	96	13	99.561	4.63	2.94	693 218	668 859	444 955
	SLR	83	4	99.873	2.07	3.39	1 011 630	723 879	723 879
E. coli_2_SMRT	SSPACE-LR	124	12	99.364	2.25	0.54	693 087	661 478	361 326
	LINKS	127	9	99.354	2.23	0.41	855 943	654 326	458 412
	npscarf	126	10	99.443	3.05	1.23	698 773	656 803	652 603
	SLR	118	10	99.598	2.99	1.54	855 361	1 130 614	565 864
S. cerevisiae _1_SMRT	SSPACE-LR	2 237	101	97.209	84.61	13.51	576 123	245 251	200 813
	LINKS	2,800	54	96.734	78.77	10.25	741 980	262 335	203 642
	npscarf	2,755	80	97.437	110.24	21.42	1 069 953	799 048	312 122
	SLR	2 784	52	97.250	95.79	12.71	1 079 981	736 056	374 744
S. cerevisiae _2_SMRT	SSPACE-LR	5 260	155	97.421	95.66	17.93	458 522	320 199	193 218
	LINKS	6 636	73	96.852	86.85	10.22	457 001	254 462	196 366
	npscarf	6 619	94	97.520	108.88	22.34	661 642	657 227	257 271
	SLR	6 665	71	97.229	97.60	11.64	656 348	498 471	270 402
ChrX_1_SMRT	SSPACE-LR	3 351	176	97.675	4.08	2.69	4 252 643	1 041 385	809 815
	LINKS	6 744	100	97.551	4.12	1.81	1 905 621	189 701	183 461
	npscarf	5 396	157	97.767	94.14	4.24	11 142 909	3 610 237	2 325 939
	SLR	5 196	83	97.454	3.92	2.58	13 177 419	3 286 062	2 390 483

接下来,将 contig 分类方法与其他搭建工具相结合。SLR 将每一个 contig 集合分为一个唯一的 contig 集合和一个模糊的 contig 集合。首先在这个唯一的 contig 集合上运行 SSPACE-LR 和 LINKS,生成一些 scaffold。然后,把这个模糊的 contig 插入 scaffold。因此,可以确定这些 scaffold 中唯一的 contig 的顺序和方向。BWA-MEM 用于将独特的 contig 与这些 scaffold 对齐。只有当一个唯一的 contig 在 scaffold 上完全对齐时,才保留相应

的对齐。然后,可以得到这些 scaffold 中唯一的 contig 的顺序和方向。最终的搭建结果如图 5-4 所示。SSPACE-LR-CC 代表了基于 SSPACE-LR 结合本书中的 contig 分类的方法。LINKS-CC 是基于 LINKS 和 contig 分类相结合的方法。根据图 5-4,可以发现 SSPACE-LR-CC 和 LINKS-CC 在 $NGA50$ 中的表现优于 SSPACE-LR 和 LINKS。这进一步证实了 contig 分类方法的有效性。

表 5-5　基于 ONT 数据集的评估结果

Data set	Tool	Count	MA	Genome Fraction	Mismat ches	Indels	Largest alignment	$NG50$	$NGA50$
E. coli_1_ONT	SSPACE-LR	106	6	99.640	2.21	1.71	1,350,083	1,341,884	1,175,277
	LINKS	109	5	99.361	1.60	1.21	1,202,180	1,094,000	693,473
	npscarf	72	6	99.807	2.72	2.20	2,295,163	4,635,772	1,672,119
	SLR	75	4	99.944	1.85	3.38	2,927,247	4,678,549	2,927,247
E. coli_2_ONT	SSPACE－LR	124	13	99.420	2.60	0.93	1,348,829	1,357,410	607,813
	LINKS	130	9	99.366	2.36	0.39	852,792	693,259	444,737
	npscarf	117	11	99.545	6.23	3.31	1,552,547	1,746,790	687,270
	SLR	114	9	99.695	3.13	1.90	1,593,671	1,749,414	733,062
S. cerevisiae _1_ ONT	SSPACE－LR	2044	215	97.318	89.65	14.85	457,344	247,071	190,419
	LINKS	2846	52	96.734	78.91	9.91	455,351	261,536	231,114
	npscarf	2755	83	97.214	102.09	17.53	949,878	749,986	374,986
	SLR	2823	46	96.997	82.45	11.87	1,068,398	669,916	374,835
S. cerevisiae _2_ ONT	SSPACE－LR	5134	297	97.366	90.83	16.75	465,668	366,246	176,096
	LINKS	6697	69	96.785	84.89	9.78	457,640	223,875	190,743
	npscarf	6625	78	97.275	105.07	16.47	575,056	578,365	323,202
	SLR	6671	68	97.086	86.07	11.17	652,163	546,046	270,362

(2) 使用可感知重复的评估框架进行评估

本章还使用了一个重复感知评估框架[73]来评估 SSPACE-LR、LINKS、npScarf 和 SLR 的性能。对于每一个原始的 contig 集合,通过将 contig 与参考基因组比对,该框架将发生错配的 contig 进行分割,并从原始的 contig 中提取重复的子 contig。然后输出一个新的 contig 集合,框架记录正确的连接数,即正确的 contig 连接数。在新的 contig 集合和长读数集合上运行 scaffolding 工具之后,框架计算正确预测链接的数量。因此,可以计算 scaffolding 的精度、召回率和 $F1\text{-}score$ 结果。关于 Chr X 的 contig 集合,框架运行了一个多星期,没有给出新的 contig 集合,所以只处理剩下的原始的 contig 集合。所以,有八个新的数据集用于实验,对于这些新数据集,还使用 QUAST 评估了 scaffolding 结果,如图 5-5 所示。根据图 5-5,SLR 获得了所有数据集的最佳 $NGA50$ 值。实验表明,SLR 识别重复重叠区域,克服了重复区域的问题。

5.3.3　运行时间和内存需求

由于长读数的错误率高,将长读数与 contig 对齐通常需要很长时间。LINKS 从长读数

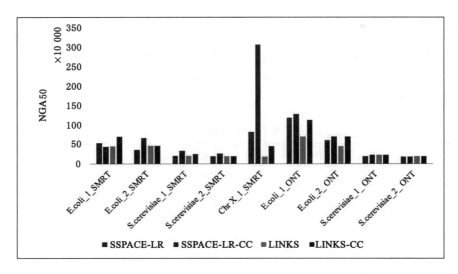

图 5-4　contig 分类与 SSPACE-LR 和 LINKS 相结合

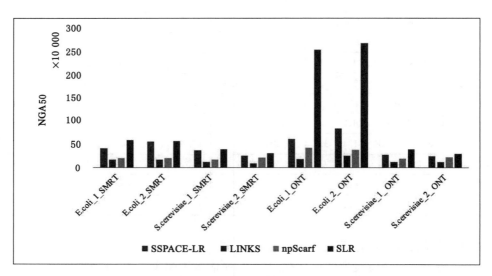

图 5-5　用于重复感知评估框架生成的数据集的 NGA50

中选择 k-mer 对来链接 contig,避免了长读数对齐。然而,LINKS 需要更多的内存来存储 k-mer 对。如表 5-6 所示,可以发现 LINKS 消耗更少的时间和更多的内存。SLR 和 npScarf 有相似的时间消耗,因为两者都使用 BWA-MEM 来对齐长读数和 contig。在所有的实验中,npScarf 不管数据集的大小都分配一个大的内存。当从 BAM 文件中提取对齐信息时,SLR 在内存中保持一个长读数的对齐,并生成一个保存在硬盘上的本地 scaffold。在处理一个长读数之后,SLR 处理下一个长读数,这可以减少内存需求。与其他工具相比,SSPACE-LR 和 SLR 需要的内存更少。

表 5-6 运行时间和峰值内存

Dataset	Running time				Peak memory（G）			
	SSPACE-LR	LINKS	npScarf	SLR	SSPACE-LR	LINKS	npScarf	SLR
E. coli_1_SMRT	41m42s	1m42s	26m34s	26m58s	1.00	6.23	10.28	1.04
E. coli_2_SMRT	42m12s	1m42s	26m46s	28m17s	1.00	6.22	10.28	1.17
S. cerevisiae_1_SMRT	880m22s	38m26s	929m36s	907m23s	3.96	93.27	10.28	1.86
S. cerevisiae_2_SMRT	1162m28s	40m35s	1012m27s	957m59s	3.96	93.3	10.28	3.60
Chr X_1_SMRT	8413m53s	41m2s	6617m53s	7782m13s	12.56	114.2	12.82	3.98
E. coli_1_ONT	46m25s	2m22s	28m6s	26m57s	1.02	8.60	10.28	1.05
E. coli_2_ONT	47m57s	2m25s	28m17s	28m42s	1.01	8.60	10.28	1.11
S. cerevisiae_1_ONT	676m26s	41m20s	962m51s	1001m25s	3.43	117.97	10.28	1.84
S. cerevisiae_2_ONT	830m48s	40m54s	1046m16s	1051m53s	3.52	117.99	10.28	3.47

5.4　本章小结

　　npScarf 利用测序覆盖度对 contig 进行分类。然而，大多数用于 scaffold 的 contig 不包含测序覆盖的信息，这限制了 npScarf 的应用。SLR 可以对 contig 进行分类，而不需要任何关于 contig 集合的额外信息。SSPACE-LR 使用一种贪婪的启发式策略，根据可以对齐的长读数的数量来确定 contig 的邻居。LINKS 使用类似于 SSPACE-LR 的策略，通过计算两个 contig 之间的 k-mer 对的数量来确定邻居，当遇到复杂的重复区域时，这两个工具很难识别正确的邻居。

　　随着第三代高通量测序技术的发展，基于长读数的 scaffolding 得到了长足的进步。Scaffold 图是判断 contig 序列顺序和方向的基础。然而，重复区域和排序错误带来的问题给构建 scaffold 图的过程带来了挑战。本章提出了一种新的 scaffolding 方法名为 SLR，SLR 基于长读数和 contig 分类来确定 contig 的方向和顺序。SLR 采用了一种新的 contig 分类方法来克服 scaffold 中重复区域的问题。SLR 首先基于长读数和 contig 之间的对齐产生局部 scaffold，局部 scaffold 对应于长读数和可以与之对齐的 contig。SLR 基于局部 scaffold 将 contig 分为唯一的和模糊的，然后构造了只包含唯一的 contig 的 scaffold 图。该方法简化了 Scaffold 图，提高了检测准确性。实验数据包括使用基于 SMRT 和 ONT 的技术获得的长读数据集。实验结果表明，SLR 具有良好的连续性和准确性。然而，对于较大的基因组，如完整的人类基因组，SLR 由于其长时间的运行而难以扩展。

6 一种 gap 填充结果评价方法

6.1 概　　述

在基因组组装中,随着测序深度的降低或者基因组序列长度的增加,最终组装结果(原始 scaffold)中的 gap 数量也会快速增加。因此,在过去十年中,研究人员提出了一些 gap 填充方法,用来确定原始 scaffold 中每个 gap 区域的序列。而由于序列组装中的重复区和测序错误等问题的存在,使得不同 gap 填充方法的填充结果存在较大的差异,如何评估和分析这些方法的性能是一项十分有意义的工作。虽然现有的一些评价指标能够评估多种 gap 方法的性能,但是仍然缺乏公认和统一的评估 gap 填充质量的方法。

当前评估 gap 填充质量的指标往往是利用两个评价工具 GAGE 和 QUAST,而 GAGE 和 QUAST 是直接评价组装结果(scaffold 和 contig)的工具。比如,常常使用 $N50$ 或者改正后的 $N50$ 作为重要的评价指标。但是即使 gap 填充工具能够把一些短 scaffold 中的 gap 区域正确填充,但是 $N50$ 的值也可能不会增加。而对于参考序列覆盖度这个评价指标,填充前和填充后的 scaffold 在这个指标上的变化非常小,很难有效地评估 gap 填充结果。GMvalue 是一个专门针对 gap 填充结果评价的工具。它将填充后的 scaffold 在 gap 区域进行分割,形成一些 contig,然后再利用以前的评价指标对 contig 重新评价。

目前这些评价方法并不能直接评价 gap 填充区中每个碱基的正确性。另外由于 gap 在 scaffold 中的位置和长度信息并不总是正确的,这些错误信息对 gap 填充方法的影响尚不明确。目前在评价 gap 填充结果时,往往直接把填充后的序列结果当成一个整体,而无法体现每个 gap 填充的具体情况,比如到底 gap 填充方法填充的序列中,有多少碱基是正确的,又有多少是错误的。在本章中,提出了一种用于评估和比较 gap 填充结果质量的工具(GET)。GET 首先将原始 scaffold 在每个 gap 区域断开,分割成一些 contig,然后将 contig 比对到参考基因组序列上。基于 contig 在基因组参考序列和原始 scaffold 上的顺序和方向关系,GET 首先确定每个 gap 位置和长度的正确性,并将 gap 分为五个类别。对于每个 gap 类别,GET 采用不同的方式从参考基因组序列中提取 gap 参考序列,即 gap 对应的正确序列。同时,也把 contig 比对到 gap 填充后的 scaffold 中,并抽取 gap 填充方法填充的序列区域。利用每个 gap 的参考序列和填充序列之间的比对结果,分析正确和错误填充的碱基数目,并提出了几个新的指标用来评价 gap 填充结果质量,这些指标能够较好的体现 gap 填充结果的完整性和准确性。

6.2 比对信息预处理

GET 首先将原始 scaffold 在每个 gap 位置打断,并分割成一些 contig。然后将 contig

通过 Nucmer 比对工具将其与基因组参考序列和 gap 填充后的 scaffold 分别进行比对。注意，长度短于 C（默认为 100bp）的 contig 被当作 gap 区域，并不参与比对，这是由于太短的 contig 在比对时，容易比对到多个不同的位置，这样对后续分析 gap 的正确性不利。

由于 contig 也可能包含一些错误信息，比如一个 contig 中相邻的两个区域其实对应基因组参考序列中并不相邻的两个区域。所以当 contig 与基因组参考序列进行比对后，一个 contig 可能被分割成多个子区域，这些子区域被比对到不同的基因组参考序列位置。对于一个 gap，GET 仅考虑其右侧 contig 中比对上的最左侧子区域，仅考虑其左侧 contig 中比对上的最右侧子区域。根据这两个子区域分别确定每个 gap 相邻两侧 contig 的比对位置和方向。

如果一个 contig 其比对上的最右侧子区域并不对应于该 contig 的最右端，或者比对上的最左侧区域并不对应于该 contig 的最左端，对于这样的 contig，其在参考基因组序列上的最左侧子区域的比对起始位置扩展为 $P_1 - O \times P_2$，其中 P_1 是其在基因组参考序列上最右侧区域的比对起始位置，P_2 是其在该 contig 上的起始位置，O 是比对方向（1 表示正链方向，-1 表示反链方向）。其比对上最右侧区域的比对结束位置被延伸到 $P_3 + O \times (L - P_4)$，其中 P_3 是基因组参考序列上其最右侧子区域比对的结束位置，P_4 是其在 contig 上的结束位置，O 是比对方向，L 是该 contig 的长度（见图 6-1）。

如果 $P_2 > M$（或 $L - P_4 > M$），则认为该 gap 的左侧（或右侧）contig 没有比对到任何位置。否则，对于一个 gap，GET 选择其右侧 contig 的最左侧区域作为其右侧 contig，并且其左侧 contig 的最右侧区域作为其左侧 contig。M 的默认值为 200。

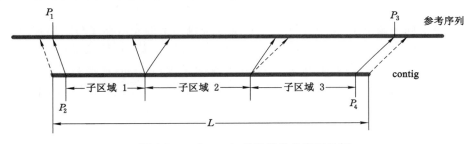

图 6-1   一个 contig 比对到参考序列示例

如图 6-1 所示一个 contig 在比对到参考序列时，其三个不同子区域比对到参考序列的不同位置。由于比对到参考序列上最左侧子区域并没有对应于该 contig 的最左端，因此最左侧子区域比对的起始位置进行了扩展（虚线所示）。其最右边子区域也进行了扩展（虚线所示）。

6.3   gap 填充区域序列抽取

由于 gap 填充方法的目的是仅仅用一段特定的序列来替换 gap 区域，所以在将 contig 比对到 gap 填充后的 scaffold 后，这些 contig 的方向和顺序关系，应该与它们在原始 scaffold 中的相同。对于一个 gap，如果其左右两侧 contig 能够比对到 gap 填充后的同一个 scaffold 上，方向也一致，并且它们比对位置的中间区域没有其他 contig 能够比对上，GET

提取该中间区域作为其 gap 填充区域,否则,GET 把该 gap 的填充区域设置为空。一个示例如图 6-2 所示。

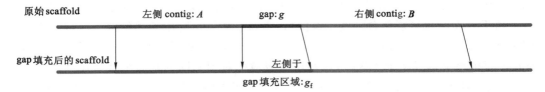

图 6-2　gap 填充示例

如图 6-2 所示在原始 scaffold 中的一个 gap:g,其左右两个 contig 分别是 A 和 B。当把 A 和 B 比对到 gap 填充后的序列后,A 和 B 比对同一条 gap 填充后的 scaffold 上,方向一致并且其中间区域没有其他 contig,则该中间区域 g_f 为 g 的填充区域序列。

6.4　gap 参考序列抽取

在将 contig 与基因组参考序列进行比对之后,GET 根据 contig 之间的顺序和方向关系,将 gap 分为五个类型。针对每个不同的 gap 类型,GET 采取不同的方式提取其参考序列。

6.4.1　正常 gap

一个正常 gap 应该满足以下这些条件:ⓐ 其左右两个 contig 比对到基因组参考序列中同一个染色体的同一条链上,并且这两个 contig 在染色体上的先后顺序与它们在原始 scaffold 中的顺序相同;ⓑ 左右两个 contig 在基因组参考序列上的中间区域的长度应该在 $(0, MAX(N, a \times d)]$ 这个范围内,其中 d 是 gap 本身的长度(即 gap 在原始 scaffold 中的长度),N 和 a 是两个参数可以由用户指定。GET 抽取两个 contig 比对位置的中间区域作为其参考序列。一个示例如图 6-3 所示。N 和 a 默认值分别设置为 3 000 和 3。

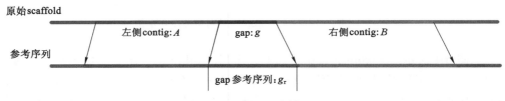

图 6-3　正常 gap 示例

如图 6-3 所示,一个 gap 的左右两侧 contig,分别是 A 和 B。当 A 和 B 正向比对到基因组参考序列后,A 和 B 比对位置的中间区域 g_r 为其参考序列。

6.4.2　重定位 gap

一个重定位 gap 应该满足以下这些条件:ⓐ 左右两侧 contig 比对到同一个染色体的同一个链上;ⓑ 左右两侧 contig 比对到染色体上的顺序与它们在原始 scaffold 上顺序是相反的,或其左侧 contig 与其右侧 contig 在染色体上的比对位置有重叠或者距离为 0,或这两个 contig 比对位置的中间区域长度大于 $MAX(N, a \times d)$。

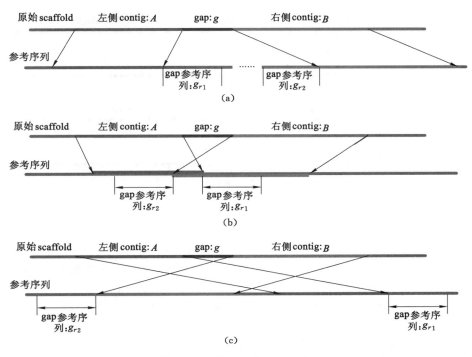

图 6-4　三种重定位 gap 示例

如图 6-4(a)所示,一个 gap 其左右两侧 contig,A 和 B,在正向比对到基因组参考序列后,它们比对位置的中间区域的长度太长,并且分别抽取 A 比对位置的右侧区域为第一参考序列 g_{r1},B 比对位置的左侧区域为第二参考序列 g_{r2};如图 6-4(b)所示,A 和 B 比对位置有重叠部分或者距离为 0;如图 6-4(c)所示,A 和 B 在基因组参考序列上的顺序不一致。

GET 将其左侧 contig 在基因组参考序列位置的右侧区域作为该 gap 的第一参考序列,将其右侧 contig 在基因组参考序列位置的左侧区域作为该 gap 的第二参考序列。如果该 gap 的填充区域不为 null,第一和第二参考序列长度等于其 gap 填充区域长度,否则每个 gap 参考序列长度等于该 gap 原始长度。示例如图 6-4 所示。

6.4.3　缺失 gap

缺失 gap 定义为其左侧或右侧 contig 不能比对到基因组参考序列上。当左右两侧 contig 都不能比对到基因组参考序列上时,GET 将该 gap 的参考序列设定为 null。否则,如果左侧 contig 能够比对上,则 GET 将把其左侧 contig 比对位置的右侧区域作为该 gap 的参考序列。如果其右侧 contig 能够比对上,则将其右侧 contig 比对位置的左侧区域作为该 gap 的参考序列。如果该 gap 的填充区域不为 null,该 gap 的参考序列长度等于其 gap 填充区域的长度,否则该 gap 参考序列长度等于该 gap 原始长度。示例如图 6-5 所示。

如图 6-5(a)所示,一个 gap 的左右两个 contig,A 和 B,都不能比对到基因组参考序列上;如图 6-5(b)所示,只有一侧 contig 能够比对到基因组参考序列上。

6.4.4　易位 gap

一个易位 gap 定义为其左右两侧 contig 比对到基因组参考序列中的不同染色体上。提取

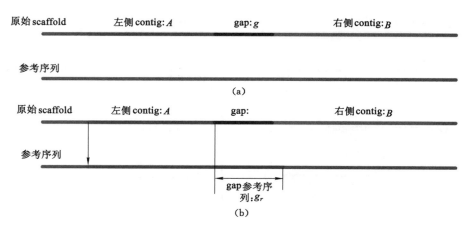

图 6-5　缺失 gap 示例

易位 gap 的两个参考序列,和提取重定位 gap 参考序列的方法相同。示例如图 6-6 所示。

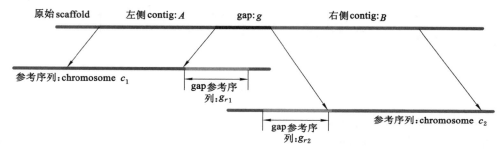

图 6-6　易位 gap 示例

如图 6-6 所示,一个 gap 的左侧 contig,A,正向比对到染色体 c_1 上,而其右侧 contig,B,正向比对到染色体 c_2 上。该 gap 也对应两个参考序列。

6.4.5　反转 gap

一个反转 gap 的左右两侧 contig 能够比对到同一个染色体上,但是其比对方向不一致,即比对到该染色体的不同链上。提取反转 gap 的两个参考序列,和提取重定位 gap 参考序列的方法相同。示例如图 6-7 所示。

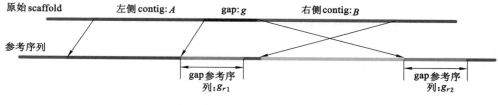

图 6-7　反转 gap 示例

如图 6-7 所示,一个 gap 的左 contig 和其右 contig 在基因组参考序列上的比对方向不一致,A 是正向比对,B 是反向比对。该 gap 也对应两个参考序列。

6.5　gap 参考序列和填充 gap 区域序列比对

对于所有的 gap，GET 采用 Needleman-Wunsch 算法对每个 gap 的填充序列和参考序列进行比对，并且基于比对结果计算下列指标。一个比对示例如图 6-8 所示。

参考序列：　TCAGATTCAGATAGCGATTCGGACTCAGACAACGACTCAGATTCAGATGAAC-TATTCACC

填充序列：　TCAGATTAAGAT-GCGATTCGGNNNNNNNNNNNNNNNNNNNNNNNNNNGAACGTATTCACC

图 6-8　包含 gap 的比对示例

图 6-8 在参考序列和填充序列，总共有三个错误匹配，在计算填充长度时，'N' 是不被计算在内的。

如果一个 gap 有两个参考序列，GET 忽略具有最小匹配数的比对结果。这些指标包括：① gap 个数（Gap Count，GC）：原始 scaffold 中包含的 gap 个数；② 匹配数（Matched Number，MN）：gap 填充序列和参考序列的比对结果中，正确比对上的碱基个数；③ 错配数（Mis-matched Number，MmN）：gap 填充序列和参考序列比对结果中错误比对上的碱基个数；④ gap 填充长度（Gap-filled Length，GfL）：所有 gap 填充区域的长度；⑤ 参考 gap 长度（Reference Gap Length，RGL）：所有 gap 参考序列长度；⑥ 准确率（Precision）：正确匹配数除以 gap 填充长度；⑦ 召回率（Recall）：正确匹配数除以参考长度；⑧ F1 分数（F1-score）：它是准确率和召回率的加权平均值。GET 不仅可以计算单一类型 gap 的上述指标，也可以针对所有 gap 计算上述指标。

$$Precision = \frac{Matched\ Number}{Gap\text{-}filled\ Length} \tag{6-1}$$

$$Recall = \frac{Matched\ Number}{Reference\ Gap\ Length} \tag{6-2}$$

$$F1\text{-}score = \frac{2 \times Precision \times Recall}{Precision + Recall} \tag{6-3}$$

6.6　实验与分析

GET 评估了四种流行的填充工具 GapCloser[132]、GapFiller[174]、Sealer[176] 和 Gap2Seq[177]，并对三种物种：金黄色葡萄球菌（Staphylococcus aureus）、红球菌（Rhodobacter sphaeroides）和人类 14 号染色体（Human 14）进行 gap 填充。这三个物种的原始 scaffold 由工具 Velvet 生成。这些原始数据的属性见表 6-1。这些数据集合和 scaffold 集合都由 GAGE[200] 提供。其中人类 14 号染色体参考序列中开头的连续 'N' 区域被去掉。

表 6-1　基因组、读数文库和原始 scaffold 属性

	S. aureus		R. sphaeroides		Human 14
基因组长度/M	～2.9		～4.6		～89
读数文库	第一文库	第二文库	第一文库	第二文库	文库
染色体个数	3	3	7	7	1
Read 长度/bp	101	37	101	101	101
Insert size/bp	～180	～3500	～180	～3700	～2500
覆盖度	～45.3	～44.7	～46.1	～46.1	～21.4
Scaffold 个数	173		382		61445

（1）S. aureus 的 scaffold 填充结果

首先四种不同的 gap 填充方法，分别利用第一文库、第二文库、以及第一和第二文库结合对 S. aureus 物种的 scaffold 进行 gap 填充（具体填充结果见表 6-2、表 6-3、表 6-4 所示）。第一个物种的基因组长度相对来说较短，只要 2.9 M 左右。Velvet 产生的 scaffold 个数达到 173 条。

表 6-2　基于 S. aureus 和第一文库的 scaffold 填充结果评价

工具	Gap 类型	GC	RGL	GfL	MN	MmN	Pre	Rec	$F1\text{-}score$
GapCloser	缺失 Gap	0	0	0	0	0	—	—	—
	易位 Gap	0	0	0	0	0	—	—	—
	反转 Gap	11	154	139	135	4	0.971	0.877	0.922
	重定位 Gap	17	2 784	2 345	2311	34	0.986	0.830	0.901
	正常 Gap	97	31 777	13 522	13 341	181	0.987	0.420	0.589
	所有 gap	125	34 715	16 006	15 787	219	0.986	0.455	0.623
GapFiller	缺失 Gap	0	0	0	0	0	—	—	—
	易位 Gap	0	0	0	0	0	—	—	—
	反转 Gap	11	1 668	1 661	1 429	232	0.860	0.857	0.859
	重定位 Gap	17	3 714	2 080	1 845	235	0.887	0.497	0.637
	正常 Gap	97	31 777	9 579	8 970	609	0.936	0.282	0.434
	所有 gap	125	37 159	13 320	12 244	1 076	0.919	0.330	0.485
Sealer	缺失 Gap	0	0	0	0	0	—	—	—
	易位 Gap	0	0	0	0	0	—	—	—
	反转 Gap	11	238	0	0	0	—	—	—
	重定位 Gap	17	3 089	1 191	996	195	0.836	0.322	0.465
	正常 Gap	97	31 777	9 932	8 885	1 047	0.895	0.280	0.426
	所有 gap	125	35 104	11 123	9 881	1 242	0.888	0.281	0.427

表 6-2（续）

工具	Gap 类型	GC	RGL	GfL	MN	MmN	Pre	Rec	F1-score
	缺失 Gap	0	0	0	0	0	—	—	—
	易位 Gap	0	0	0	0	0	—	—	—
Gap2Seq	反转 Gap	11	241	141	116	25	0.823	0.481	0.607
	重定位 Gap	17	2 806	2 461	2 315	146	0.941	0.825	0.879
	正常 Gap	97	31 777	17 047	16 082	965	0.943	0.506	0.659
所有 gap		125	34 824	19 649	18 513	1 136	0.942	0.532	0.680

表 6-2 列出了 GET 对四种 gap 填充方法只利用 S. aureus 第一文库生成结果的评价。在表 6-2 中可以看到，原始 scaffold 中包含错误的 gap 位置和长度信息，其中反转 gap 共有 11 个，重定位 gap 共有 17 个，正常 gap 有 97 个。GapCloser、GapFiller 和 Gap2Seq 三种方法对反转 gap 以及重定位 gap 的填充准确率和召回率都比较好。而 Sealer 对反转 gap 和重定位 gap 的填充效果相对较差。而在对正常 gap 进行填充时，它们的 F1-score 值相对较低，这是由于每个 gap 的中间区域很难被填充，因此它们的召回率都比较低，所以造成 F1-score 值较低。通过对四种方法在准确率、召回率和 F1-score 上的得分值比较，Gap-Closer 和 Gap2Seq 两种方法取得了较优的效果。

表 6-3　基于 S. aureus 和第二文库的 scaffold 填充结果评价

工具	Gap 类型	GC	RGL	GfL	MN	MmN	Pre	Rec	F1-score
	缺失 Gap	0	0	0	0	0	—	—	—
	易位 Gap	0	0	0	0	0	—	—	—
GapCloser	反转 Gap	11	248	135	124	11	0.919	0.500	0.648
	重定位 Gap	17	2 376	570	538	32	0.944	0.226	0.365
	正常 Gap	97	31 777	5 547	5 337	210	0.962	0.168	0.286
	所有 gap	125	34 401	6 252	5 999	253	0.960	0.174	0.295
	缺失 Gap	0	0	0	0	0	—	—	—
	易位 Gap	0	0	0	0	0	—	—	—
GapFiller	反转 Gap	11	238	0	0	0	—	—	—
	重定位 Gap	17	2 246	62	59	3	0.952	0.026	0.051
	正常 Gap	97	31 777	312	214	98	0.686	0.007	0.013
	所有 gap	125	34 261	374	273	101	0.730	0.008	0.016
	缺失 Gap	0	0	0	0	0	—	—	—
	易位 Gap	0	0	0	0	0	—	—	—
Sealer	反转 Gap	11	238	0	0	0	—	—	—
	重定位 Gap	17	2 687	543	469	74	0.864	0.175	0.290
	正常 Gap	97	31 777	2 316	2 185	131	0.943	0.069	0.128
	所有 gap	125	34 702	2 859	2 654	205	0.928	0.076	0.141

表 6-3（续）

工具	Gap 类型	GC	RGL	GfL	MN	MmN	Pre	Rec	F1-score
Gap2Seq	缺失 Gap	0	0	0	0	0	—	—	—
	易位 Gap	0	0	0	0	0	—	—	—
	反转 Gap	11	235	135	121	14	0.896	0.515	0.654
	重定位 Gap	17	2 246	82	78	4	0.951	0.035	0.067
	正常 Gap	97	31 777	1 543	1 444	99	0.936	0.045	0.087
	所有 gap	125	34 258	1 760	1 643	117	0.934	0.048	0.091

表 6-3 列出了 GET 对四种 gap 填充方法只利用 S. aureus 第二文库生成结果的评价。在表 6-3 中可以看到相对于第一文库的填充结果，第二文库的填充结果相对较差。这是由于第二文库的 insert size 相对较大，并且它的读数长度较短。这样会对 gap 填充方法中的 k-mer 或者读数扩展产生影响，进而影响填充结果。在四个方法中，GapCloser 和 Gap2Seq 针对反转 gap 的填充结果最优，其 F1-score 值都达到了 0.6 以上。而对于所有 gap 总体 F1-score 值，除了 GapCloser 外，其他方法的 F1-score 值都比较低，特别是它们的召回率。总体而言，GapCloser 方法在这组文库上取得了较优的效果。

表 6-4　基于 S. aureus、第一文库和第二文库的 scaffold 填充结果评价

工具	Gap 类型	GC	RGL	GfL	MN	MmN	Pre	Rec	F1-score
GapCloser	缺失 Gap	0	0	0	0	0	—	—	—
	易位 Gap	0	0	0	0	0	—	—	—
	反转 Gap	11	155	145	141	4	0.972	0.910	0.940
	重定位 Gap	17	2 680	1 245	1 150	95	0.924	0.429	0.586
	正常 Gap	97	31 777	13 114	12 611	503	0.962	0.397	0.562
	所有 gap	125	34 612	14 504	13 902	602	0.958	0.402	0.566
GapFiller	缺失 Gap	0	0	0	0	0	—	—	—
	易位 Gap	0	0	0	0	0	—	—	—
	反转 Gap	11	1 668	1 661	1 429	232	0.860	0.857	0.859
	重定位 Gap	17	3 714	2 080	1 845	235	0.887	0.497	0.637
	正常 Gap	97	31 777	9 579	8 970	609	0.936	0.282	0.434
	所有 gap	125	37 159	13 320	12 244	1 076	0.919	0.33	0.485
Sealer	缺失 Gap	0	0	0	0	0	—	—	—
	易位 Gap	0	0	0	0	0	—	—	—
	反转 Gap	11	238	0	0	0	—	—	—
	重定位 Gap	17	2 738	829	729	100	0.879	0.266	0.409
	正常 Gap	97	31 777	3 266	3 027	239	0.927	0.095	0.173
	所有 gap	125	34 753	4 095	3 756	339	0.917	0.108	0.193

表 6-4（续）

工具	Gap 类型	GC	RGL	GfL	MN	MmN	Pre	Rec	F1-score
	缺失 Gap	0	0	0	0	0	—	—	—
	易位 Gap	0	0	0	0	0	—	—	—
Gap2Seq	反转 Gap	11	241	141	116	25	0.823	0.481	0.607
	重定位 Gap	17	2 806	2 461	2 366	95	0.961	0.843	0.898
	正常 Gap	97	31 777	17 460	16 620	840	0.952	0.523	0.675
	所有 gap	125	34 824	20 062	19 102	960	0.952	0.549	0.696

表 6-4 列出了 GET 对四种 gap 填充方法同时利用第一和第二文库生成结果的评价。在表 6-4 中可以看到相对于第一个文库的填充结果，GapCloser 和 Sealer 的总体 F1-score 值有所降低，这说明增加文库并不一定提高 gap 填充结果的准确性。产生这种现象的原因，可能是增加文库也增加了在填充 gap 时 k-mer 和读数集合大小，进而引入了一些噪音，并增加了填充 gap 时的难度。Gap2Seq 相对于第一个文库时，它总体 gap 的 F1-score 值有所增加，这是由于 Gap2Seq 采用了一种动态规划的近似算法，虽然增加文库，可能提高 Gap2Seq 的准确度，但是其运行时间也会大幅度增加。

（2）R. sphaeroides 的 scaffold 填充结果

首先四种不同的 gap 填充方法，分别利用第一文库、第二文库以及第一和第二文库结合对 R. sphaeroides 物种的 scaffold 进行 gap 填充（具体填充结果见表 6-5、表 6-6、表 6-7 所示）。R. sphaeroides 的基因组长度相对较长，达到 4.6 M 左右。Velvet 产生的 scaffold 个数达到 382 条。

表 6-5 基于 R. sphaeroides 和第一文库的 scaffold 填充结果评价

工具	Gap 类型	GC	RGL	GfL	MN	MmN	Pre	Rec	F1-score
	缺失 Gap	2	21	11	10	1	0.909	0.476	0.625
	易位 Gap	20	19 040	2 349	1 852	497	0.788	0.097	0.173
GapCloser	反转 Gap	11	195	92	89	3	0.967	0.456	0.620
	重定位 Gap	15	3 866	150	145	5	0.967	0.038	0.072
	正常 Gap	377	85 875	8 332	7 771	561	0.933	0.09	0.165
	所有 gap	425	108 997	10 934	9 867	1 067	0.902	0.091	0.165
	缺失 Gap	2	272	271	219	52	0.808	0.805	0.807
	易位 Gap	20	20 843	1 891	1 788	103	0.946	0.086	0.157
GapFiller	反转 Gap	11	740	646	645	1	0.998	0.872	0.931
	重定位 Gap	15	4 724	1 032	901	131	0.873	0.191	0.313
	正常 Gap	377	85 875	8 135	7 914	221	0.973	0.092	0.168
	所有 gap	425	112 454	11 975	11 467	508	0.958	0.102	0.184

表 6-5（续）

工具	Gap 类型	GC	RGL	GfL	MN	MmN	Pre	Rec	F1-score
	缺失 Gap	2	20	0	0	0	—	—	—
	易位 Gap	20	20045	313	308	5	0.984	0.015	0.03
Sealer	反转 Gap	11	189	0	0	0	—	—	—
	重定位 Gap	15	3856	2	2	0	1.00	0.001	0.001
	正常 Gap	377	85 875	3 086	2 538	548	0.822	0.030	0.057
	所有 gap	425	109 985	3 401	2 848	553	0.837	0.026	0.050
	缺失 Gap	2	20	0	0	0	—	—	—
	易位 Gap	20	20 038	10 495	10 224	271	0.974	0.510	0.670
Gap2Seq	反转 Gap	11	379	279	272	7	0.975	0.718	0.827
	重定位 Gap	15	4 117	4 007	3 899	108	0.973	0.947	0.960
	正常 Gap	377	85 875	30 131	28 252	1 879	0.938	0.329	0.487
	所有 gap	425	110 429	44 912	42 647	2 265	0.950	0.386	0.549

表 6-5 列出了 GET 对四种 gap 填充方法只利用 R. sphaeroides 的第一文库生成结果的评价。在表 6-5 中可以看到，原始 scaffold 中同样包含了错误的 gap 位置和长度信息，缺失 gap 有 2 个，易位 gap 有 20 个，反转 gap 有 11 个，重定位 gap 有 15 个，正常 gap 有 377 个。除了 Gap2Seq，其他 gap 填充方法对非正常 gap 的填充效果都比较差。在这组填充结果中，Gap2Seq 在 F1-score 上的优势比较明显。而其他 gap 填充方法的效果相对都较差，主要是由于它们的召回率太低，这也意味着，每个 gap 的大部分区域都没有被填充，可能是这些 gap 处在一些复杂重复区，而使 gap 填充方法很难选择正确的序列进行填充。

表 6-6　基于 R. sphaeroides 和第二文库的 scaffold 填充结果评价

工具	Gap 类型	GC	RGL	GfL	MN	MmN	Pre	Rec	F1-score
	缺失 Gap	2	21	17	17	0	1	0.81	0.895
	易位 Gap	20	19 903	560	532	28	0.950	0.027	0.052
GapCloser	反转 Gap	11	196	123	110	13	0.894	0.561	0.690
	重定位 Gap	15	3 874	120	117	3	0.975	0.030	0.059
	正常 Gap	377	85 875	3 593	3 203	390	0.891	0.037	0.072
	所有 gap	425	109 869	4 413	3 979	434	0.902	0.036	0.070
	缺失 Gap	2	20	0	0	0	—	—	—
	易位 Gap	20	20015	243	236	7	0.971	0.012	0.023
GapFiller	反转 Gap	11	189	0	0	0	—	—	—
	重定位 Gap	15	3929	75	75	0	1	0.019	0.037
	正常 Gap	377	85 875	989	933	56	0.943	0.011	0.021
	所有 gap	425	110 028	1 307	1 244	63	0.952	0.011	0.022

表 6-6（续）

工具	Gap 类型	GC	RGL	GfL	MN	MmN	Pre	Rec	F1-score
Sealer	缺失 Gap	2	20	0	0	0	—	—	—
	易位 Gap	20	19 895	143	138	5	0.965	0.007	0.014
	反转 Gap	11	189	0	0	0	—	—	—
	重定位 Gap	15	3 864	0	0	0	—	—	—
	正常 Gap	377	85 875	1 096	1 063	33	0.970	0.012	0.024
	所有 gap	425	109 843	1 239	1 201	38	0.969	0.011	0.022
Gap2Seq	缺失 Gap	2	20	0	0	0	—	—	—
	易位 Gap	20	20425	693	671	22	0.968	0.033	0.064
	反转 Gap	11	189	0	0	0	—	—	—
	重定位 Gap	15	3864	0	0	0	—	—	—
	正常 Gap	377	85 875	1 913	1 879	34	0.982	0.022	0.043
	所有 gap	425	110 373	2 606	2 550	56	0.979	0.023	0.045

表 6-6 列出了 GET 对四种 gap 填充方法只利用 R. sphaeroides 的第二文库生成结果的评价。在表 6-6 中可以看到，所有的 gap 填充方法相对于第一文库的结果而言，$F1\text{-}score$ 值都变差了，同时 gap 填充方法填充区域的长度也变得较短。这仍然是由于第二文库的 insert size 相对较大，进而影响了 gap 填充方法的效果。相对于其他方法，GapCloser 方法填充的区域较长，其填充准确率并不是特别好，但是其获得了最优的召回率，进而取得了最优的 $F1\text{-}score$。GapFiller 和 Sealer 方法的结果相差不大，它们的填充准确率和召回率都差不多，最终也取得了一样大小的 $F1\text{-}score$。Gap2Seq 取得了最优的填充准确率，但是其召回率要比 GapCloser 低。

表 6-7　基于 R. sphaeroides、第一文库和第二文库的 scaffold 填充结果评价

工具	Gap 类型	GC	RGL	GfL	MN	MmN	Pre	Rec	F1-score
GapCloser	缺失 Gap	2	21	11	3	8	0.273	0.143	0.187
	易位 Gap	20	20053	630	613	17	0.973	0.031	0.059
	反转 Gap	11	197	98	94	4	0.959	0.477	0.637
	重定位 Gap	15	3 867	148	141	7	0.953	0.036	0.070
	正常 Gap	377	85 875	7 393	6 811	582	0.921	0.079	0.146
	所有 gap	425	110 013	8 280	7 662	618	0.925	0.07	0.130
GapFiller	缺失 Gap	2	272	271	219	52	0.808	0.805	0.807
	易位 Gap	20	20 843	1 891	1 788	103	0.946	0.086	0.157
	反转 Gap	11	740	646	645	1	0.998	0.872	0.931
	重定位 Gap	15	4 724	1 032	901	131	0.873	0.191	0.313
	正常 Gap	377	85 875	8 135	7 914	221	0.973	0.092	0.168
	所有 gap	425	112 454	11 975	11 467	508	0.958	0.102	0.184

表 6-7(续)

工具	Gap 类型	GC	RGL	GfL	MN	MmN	Pre	Rec	F1-score
Sealer	缺失 Gap	2	20	0	0	0	—	—	—
	易位 Gap	20	20045	313	294	19	0.939	0.015	0.029
	反转 Gap	11	189	0	0	0	—	—	—
	重定位 Gap	15	3856	2	2	0	1.000	0.001	0.001
	正常 Gap	377	85 875	4 074	3 665	409	0.900	0.043	0.081
	所有 gap	425	109 985	4 389	3 961	428	0.902	0.036	0.069
Gap2Seq	缺失 Gap	2	20	0	0	0	—	—	—
	易位 Gap	20	20 887	3 255	3 116	139	0.957	0.149	0.258
	反转 Gap	11	379	279	271	8	0.971	0.715	0.824
	重定位 Gap	15	4 259	1 735	1 659	76	0.956	0.390	0.554
	正常 Gap	377	85 875	13 802	12 870	932	0.932	0.150	0.258
	所有 gap	425	111 420	19 071	17 916	1 155	0.939	0.161	0.275

表 6-7 列出了 GET 对四种 gap 填充方法同时利用 R. sphaeroides 的第一和第二文库生成结果的评价。在表 6-7 中，相对于第一文库的填充结果，GapCloser 和 Gap2Seq 的所有 gap 的 F1-score 值也有所降低。这仍然是由于增加文库引入噪音造成。

（3）Human 14 的 scaffold 填充结果

首先四种不同的 gap 填充方法，利用 Human 14 的第一文库对 Human 14 的 scaffold 进行 gap 填充。Human 14 的基因组长度比较长，达到 90M 左右。Velvet 产生的 scaffold 个数达到 61445 条。

表 6-8 列出了 GET 对四种 gap 填充方法利用 Human 14 第一文库生成结果的评价。在表 6-8 中，可以看到，原始 scaffold 中包含了错误的 gap 位置和长度信息，缺失 gap 有 2 473 个，反转 gap 有 4 875 个，重定位 gap 有 6 986 个，正常 gap 有 32 120 个。Gap2Seq 由于运行时间太长，始终无法得到其最终填充结果。而在其他 gap 填充工具上，GapCloser 的填充效果是最优的。

表 6-8　基于 Human 14 和第一文库的 scaffold 填充结果评价

工具	Gap 类型	GC	RGL	GfL	MN	MmN	Pre	Rec	F1-score
GapCloser	缺失 Gap	3 473	2 594 853	224 824	202 183	22 641	0.899	0.078	0.143
	易位 Gap	0	0	0	0	0	—	—	—
	反转 Gap	4 875	3 143 932	187 004	170 268	16 736	0.911	0.054	0.102
	重定位 Gap	6 986	2 749 887	243 958	220 497	23 461	0.904	0.080	0.147
	正常 Gap	32 120	20 250 938	2 015 113	1 794 925	220 188	0.891	0.089	0.161
	所有 gap	47 454	28 739 610	2 670 899	2 387 873	283 026	0.894	0.083	0.152

表 6-8(续)

工具	Gap 类型	GC	RGL	GfL	MN	MmN	Pre	Rec	F1-score
	缺失 Gap	3473	2 685 810	85 814	75 806	10 008	0.883	0.028	0.055
	易位 Gap	0	0	0	0	0	—	—	—
GapFiller	反转 Gap	4 875	3 181 647	90 725	83 238	7487	0.917	0.026	0.051
	重定位 Gap	6 986	2 843 418	143 928	130 802	13 126	0.909	0.046	0.088
	正常 Gap	32 120	20 250 938	1 021 814	863 965	157 849	0.846	0.043	0.081
	所有 gap	47 454	28 961 813	1 342 281	1 153 811	188 470	0.860	0.040	0.076
	缺失 Gap	3 473	2 581 395	110 433	101 457	8 976	0.919	0.039	0.075
	易位 Gap	0	0	0	0	0	—	—	—
Sealer	反转 Gap	4 875	3 142 167	47 702	41 729	5 973	0.875	0.013	0.026
	重定位 Gap	6 986	2 750 141	66 700	57 607	9 093	0.864	0.021	0.041
	正常 Gap	32 120	20 250 938	795 852	757 308	38 544	0.952	0.037	0.072
	所有 gap	47 454	28 724 641	1 020 687	958 101	62 586	0.939	0.033	0.064

6.7　本章小结

本章提出了一种用于评估和比较 gap 填充结果质量的方法(GET)。GET 能够从局部的角度对填充结果进行评价,是以往整体评价方法的一个补充。GET 首先将原始 scaffold 在每个 gap 区域断开,分割成一些 contig,然后将 contig 比对到参考基因组序列上。基于 contig 在基因组参考序列和原始 scaffold 上的顺序和方向关系,GET 首先确定每个 gap 位置和长度的正确性,并将 gap 分为五个类别。对于每个 gap 类别,GET 采用不同的方式从参考基因组序列中提取 gap 参考序列。同时,也把 contig 比对到 gap 填充后的 scaffold 中,并抽取 gap 方法填充的序列区域。利用每个 gap 的参考序列和填充序列之间的比对结果,分析正确和错误填充的碱基数目,并提出了几个新的用于评价 gap 填充结果质量的指标,这些指标能够较好的体现 gap 填充结果的完整性和准确性。

7 基于读数集合分割策略的 gap 填充方法

7.1 引　　言

高通量测序技术已经产生大量的序列数据,并且已经开发了许多序列组装工具用于获得不同物种的基因组序列草图。由于重复区,测序错误和不均匀的深度测序等问题,获取完整和准确的基因组序列是一个艰巨的任务。因此,在最终组装结果中往往存在一些 gap 区域。然而,这些 gap 区域可能对应着基因编码或调控区域,这会给下游分析中的基因表达、基因调控、物种进化等研究增加困难。因此获取更加完整和准确的基因组序列对于生物学家的相关研究是必要的。

过去十年中,已经提出了一些 gap 填充方法。Gap 填充方法的目的是使 gap 区域的'N'替换成具体的碱基。已有的方法一般先搜集一个可能覆盖该 gap 区域的读数集合,然后利用读数或者 k-mer 之间的重叠关系构建 De Bruijn 图或者读数重叠图,然后从 gap 的两端开始向中间进行扩展。当 gap 填充问题被转化为在一个图中找到连接两个给定节点的一条路径时,存在两个关键问题:① 构造正确的 De Bruijn 图或者读数重叠图是填充 gap 的基础。然而,当增加图的连通性时,会增加抽取路径的难点。当降低连通性时,一些低测序深度的 gap 区域可能会丢失。② 将路径从起始节点扩展到结束节点的过程中,如何从候选节点中确定正确的后续节点是非常重要的问题。

为了解决上述问题①,大多数现有的 gap 填充方法通过迭代地改变 k-mer 长度或读数重叠长度来构建 De Bruijn 图或者读数重叠图。同时,一些工具也规定用于构建 De Bruijn 图的 k-mer 频率应大于一个固定的阈值。当这个阈值较大时,可以过滤掉更多测序错误造成的 k-mer,并简化 De Bruijn 图。一个较小的阈值可以保留处在低测序深度的 k-mer,但是这将增加 De Bruijn 图的连通性。为了解决上述问题②,当在扩展后续节点时,k-mer 频率被用来作为判断是否是正确后续节点的依据。这里的前提假设是,当 k-mer 的频率越大时,对应节点是正确的概率也越大。然而,大多数现有工具通常忽略了 insert size 分布特征,这也可以用于解决一些后续节点选择问题。

7.2 基于读数集合分割策略的 gap 填充方法

本章提出了一个 gap 填充方法:GapReduce。同大多数现有的 gap 填充方法相同,GapReduce 首先搜集可能覆盖给定 gap 的读数集合。但是,GapReduce 将进一步将读数集合分为左读数子集和右读数子集,左读数子集包含这样的读数,其配偶读数可以比对到 gap 的左侧 contig 区域,右读数子集包含这样的读数,其配偶读数能够比对到 gap 的右侧 contig 区域。因为在路径选择时遇到的问题可能仅仅是由 gap 一侧区域中的重复区或测序错误引起的,该问题可能被另一侧区域相关的读数子集解决。因此,基于分割读数的策略有助于处理路径选择问题。在填充 gap 的过程中,GapReduce 迭代改变 k 值和 k-mer 频率阈值,并构造 De Bruijn 图用于寻找正确的路径填充 gap。在路径选择遇到多个候选节点时,GapReduce 开发了一种新的方法来区分正确和错误的候选节点。为了评估给定候选节点,GapReduce 首先确定与其相关联的一个新的 k-mer,并从左读数子集中选择包含这个 k-mer 的读数。然后,GapReduce 计算这些读数和其配偶读取之间的 insert size,并计算这些 insert size 的 z-score 值大小。此外,基于右读数子集也可以对候选节点进行评价。基于从左右两个读数子集得到的评分值,GapReduce 确定后续节点(GapReduce 方法的计算过程见图 7-1 所示)。

```
Algorithm 1: GapReduce(PR, S, k_max, k_min, step, f_max, c_max, α, β)
1: Initialization k = k_max; f = f_max; c = 0;
2: Get the maximum gap length l_max in S
3: while c <= c_max and c <= l_max/(2 ×μ) do
4:    Align PR to the scaffold set S
5:    for each gap g do
6:       Identify two partitioned read sets LR(g) and RR(g) for g
7:       while k >= k_min do
8:          while f >= 0 do
9:             Construct De Bruijn graph G based on k and f
10:            Navigate G to select the path P_l by Algorithm 2
11:            Navigate G to select the path P_r
12:            Fill g based on LP and RP
13:            f = f - 1
14:         end while
15:         k = k - step
16:      end while
17:   end for
18:   S is set to be the gap filling results
19:   c++
20: end while
```

图 7-1 GapReduce 计算过程

GapReduce 以 scaffold(包含 gap 区域)和一个或多个双端读数文库作为原始输入文件。GapReduce 先使用 insert size 最小的双端读数进行 gap 填充,直到 insert size 最大的双端读数文库。

图 7-1 显示出了 GapReduce 的处理一个 scaffold 集合 S 和一个双端读数文库 PR 的过程,该双端读数文库的 insert size 均值为 μ,标准偏差为 σ。GapReduce 采取以下步骤:① 通过 BWA 将双端读数文库 PR 比对到 scaffold 集合 S 上。② 对于一个 gap:g,GapReduce 识别该 gap 的左右两个读数子集,$LR(g)$ 和 $RR(g)$,其中它们的配偶读数分别能够比对到该 gap 的左侧和右侧 contig 区域。③ GapReduce 不仅迭代改变 k 值从 k_{max} 到 k_{min},还有 k-mer 频率阈值 f 从 f_{max} 到 0。在每次迭代中,构建一个 De Bruijn 图用于找到两个路径 P_1 和 P_r 填充 g。对于长度较大的 gap,可能只填充 gap 的两端区域,该 gap 的中间区域很难被填充。为了填补长度较长的 gap,GapReduce 重复步骤①-③,直到 $c > c_{max}$ 或 $c > l_{max} =$

$l_{max}/(2\times\mu)$，其中 l_{max} 是最长 gap 的长度，c 是重复步骤①-③的次数。c_{max} 是一个参数，可以由用户指定，默认值为 3。

　　基因组的一个序列的所有字符来自字母表{A,T,G,C,N}，其中 A,T,G 和 C 代表四个标准 DNA 碱基，而 N 代表不明确的碱基（对应 gap 区域）。对于序列 s，第 i 个 s 的碱基表示为 $s[i]$，$s[i,j]$ 表示 s 中从第 i 个位置到第 j 个位置的子序列。两个序列 s_1 和 s_2 的合并由 s_1+s_2 表示，其中 s_2 被附加到 s_1。$len(s)$ 表示 s 的长度。令 $S=\{s_1,s_2,\dots s_n\}$ 是 scaffold 的原始集合。g 代表一个 gap，$GS(g)$ 和 $GE(g)$ 表示 g 在原始 scaffold 中的起始和终点坐标位置。

　　接下来，本章将描述如何填补一个 g，在原始的 scaffold 中，每个 gap 都是独立的，并且填充不同 gap 的过程是相同的。对于一个 gap，g，其填充过程包括以下步骤。

7.2.1　搜集 read 集合并进行划分

　　与其他填充工具类似，GapReduce 只保留这样的读数，它们的配偶读数可以比对到一个 gap 的左侧或右侧 contig 区域上。因为双端读数文库 insert size 大小大致符合正态分布[52,54]，GapReduce 规定双端读数的 insert size 在区间$[\mu+3\times\sigma,\mu-3\times\sigma]$里。

　　假设读数 r 能够比对到原始 scaffold：s 上，r_p 是 r 比对到 s 上的起始坐标位置。如果读数 r 能够正向比对到 g 的左侧 contig 区域，并且 r_p 满足以下条件，则其配偶读数 r_m 被添加到左读数子集 LR(g)中。

$$\begin{cases} r_p >= GS(g)-\mu-3\times\sigma \\ r_p <= GS(g)+\min(len(g)-\mu+3\times\sigma,0) \end{cases} \quad (7\text{-}1)$$

　　如果读数 r 反向比对到 g 的右侧 contig 区域，并且 r_p 满足以下条件，则 r_m 将被添加到右读数子集 RR(g)中。

$$\begin{cases} r_p >= GE(g)+\min(\mu-3\times\sigma-len(g_i)-len(r),0) \\ r_p <= GE(g)+\mu+3\times\sigma-len(r) \end{cases} \quad (7\text{-}2)$$

　　读数集合 $R(g)$ 是 $LR(g)$ 和 $RR(g)$ 的并集。示例如图 7-2 所示。在填充 g 的过程中，其他大部分 gap 填充方法通常基于整个读集 $R(g)$ 的特征来解决路径选择问题。然而，路径选择问题可能仅仅由 g 的一侧 contig 区域中重复区或测序错误引起的。本书可以通过分别研究两个读数子集 $LR(g)$ 和 $RR(g)$ 的特性去解决路径选择问题。

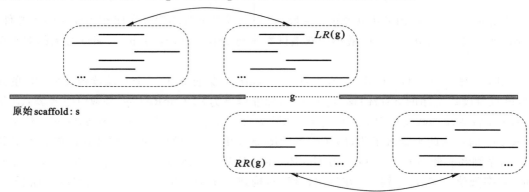

图 7-2　左右读数子集示例

如图 7-2 所示，g 是 s 中的一个 gap，$LR(g)$ 中读数的配偶读数能够比对到 g 的左侧 contig 区域上，$RR(g)$ 中读数的配偶读数能够比对到 g 的右侧 contig 区域上。

7.2.2 统计 k-mer 频次并构建 De Bruijn 图

GapReduce 基于 De Bruijn 图进行路径选择。基于读数集合 $R(g)$，两个给定值 k 和 f，GapReduce 首先选择频率大于 f 的 k-mer 集合构造 De Bruijn 图 G。在 De Bruijn 图中，每个节点对应一个 k-mer，如果两个 k-mer 在同一个读数相邻出现，则这两个节点之间添加一条有向边。De Bruijn 图采取两个步骤优化：简单路径合并和末梢节点去除。经过优化后，在 G 中，有的节点长度可能会比较长，但是最短的长度应为 k。

对于 G，GapReduce 识别起始节点 n_s（该节点包含 g 的左侧紧邻 k-mer）和末端节点 n_e（该节点包含 g 的右侧紧邻 k-mer）。接下来，GapReduce 从 n_s 延伸到 n_e 以寻找路径 P_1，从 n_e 到 n_s 寻找路径 P_r。

在确定路径 P_1 的过程中，n_c 为当前节点，GapReduce 首先将 n_s 设置为当前节点。

如果没有候选节点可进行扩展，则结束整个扩展过程。如果只有一个候选节点，候选节点为 n_e，扩展也被终止。如果只有一个候选节点和候选节点不是 n_e，该候选节点直接添加到 P_1 中，该候选节点变为当前节点 n_c，并继续进行扩展。

如图 7-3（a）所示，一个经过优化后的 De Bruijn 图 G；如图 7-3（b）所示，P_1 为已经扩展的路径，候选节点为 n_1。为了评价节点 n_1，首先确定 k-mer$_1$，r_1 为包含 k-mer$_1$ 并出现在 $LR(g)$ 中的一个读数，r_2 为 r_1 的配偶读数。r_3 为包含 k-mer$_1$ 并出现在 $RR(g)$ 中的一个读数，r_4 为 r_3 的配偶读数。

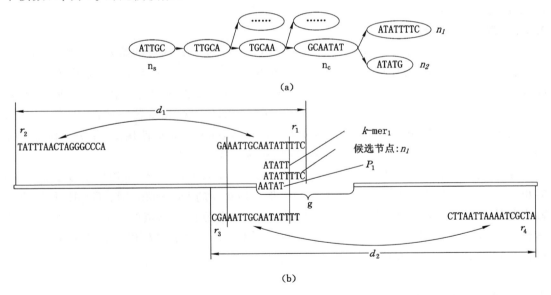

图 7-3 gap 填充扩展过程示例

如果对于当前节点 n_c 存在两个或更多候选节点，GapReduce 将基于以下方法来评估所有候选节点，该方法同时考虑 k-mer 频率和双端读数的 insert size 特征。设 n_t 是其中一个候选节点。k-mer$_t$ 是节点 n_t 中的第一个 k-mer，其中前 $k-1$ 个碱基是 n_c 和 n_t 之间的重叠部分，最后一个碱基是 n_t 的第 k 个碱基。Gap 从 $LR(g)$ 提取一个读数子集，其中每个读

数都包含 $k\text{-mer}_t$。如图 7-3 所示,对于读数子集中的每个读数,GapReduce 找到其配偶读数的比对位置,并计算该双端读数的 insert size 大小 d。对于双端读数,GapReduce 用以下公式计算其对应 $z\text{-score}$。

$$z\text{-}score = \left| \frac{d - \mu}{\sigma} \right| \tag{7-3}$$

在 GapReduce 计算得到子集中所有双端读数的 $z\text{-score}$ 后,它计算所有 $z\text{-score}$ 的平均值 $zl(n_t)$。对于 g,如果 $len(g) <= \mu + 2 \times \sigma$,每个 gap 位置可能同时被 $LR(g)$ 和 $RR(g)$ 中的读数覆盖。在这种情况下,GapReduce 还从 $RR(g)$ 中提取读数子集,该读数子集中的读数都包含 $k\text{-mer}_t$,GapReduce 可以计算得到另一个平均 $z\text{-score}$ 值 $zr(n_t)$。如果 $len(g) > \mu + 2 \times \sigma$,令 $fr(n_t)$ 为 $k\text{-mer}_t$ 在子集 $LR(g)$ 中的频率,否则令 $fr(n_t)$ 是子集 $R(g)$ 中 $k\text{-mer}_t$ 的频率。假设 $fr(n_{t1})$ 和 $fr(n_{t2})$ 是所有候选中频率最大的两个节点。GapReduce 将基于以下规则,从两个节点 n_{t1} 和 n_{t2} 中选择候选节点进行扩展:

当 $len(g) <= \mu + 2 \times \sigma$,如果 n_{t1} 和 n_{t2} 满足以下条件:① $fr(n_{t1}) \neq 0$ 和 $fr(n_{t2}) = 0$,或者② $fr(n_{t1})/fr(n_{t2}) \geq \alpha$,$z1(n_{t1}) < \beta$ 和 $zr(n_{t1}) < \beta$,选择 n_{t1} 用于扩展 P_1。α 是 $fr(n_{t1})$ 和 $fr(n_{t2})$ 之比的最小阈值,β 是判断相应候选节点的 $z\text{-score}$ 是否落入正常区间(默认情况下,$\alpha = 2$ 和 $\beta = 2$)。

当 $len(g) > \mu + 2 \times \sigma$,如果 n_{t1} 和 n_{t2} 遵循以下条件:① $fr(n_{t1}) \neq 0$ 和 $fr(n_{t2}) = 0$,或者② $fr(n_{t1})/fr(n_{t2}) \geq \alpha$ 和 $z1(n_{t1}) < \beta$,节点 n_a 被选择用于扩展 P_1。如果 n_a 不能被识别为后续节点,则扩展过程终止。寻找路径 P_1 的伪码见图 7-4 所示。在获得 P_1 之后,GapReduce 以相似的方法从 n_e 开始扩展得到另一条路径 P_r。

7.2.3 填充 gap 区域

基于 P_1 和 P_r,GapReduce 通过以下策略填充 g。对于 g 区域的第 t 个位置,如果 $t \leqslant len(g)/2$,GapReduce 首先使用 P_1 的第 t 个位置填充该位置。如果 P_1 不能覆盖该位置,GapRedece 使用 P_r 从右端开始第 $len(g) - t + 1$ 个位置填充该位置。如果 P_1 或 P_r 都不能覆盖该位置,则此位置填充'N'。如果 $t > len(g)/2$,GapReduce 首先使用 P_r 第 $len(g) - t + 1$ 个位置填充该位置。如果 P_r 不能覆盖该位置,GapRedece 使用 P_1 第 t 个位置填充该位置。如果 P_1 或 P_r 均不能覆盖位置,则填充该位置为'N'。

在 g 由 P_1 和 P_r 填充后,如果 g 仍然包含'N',GapReduce 不仅是迭代地改变值 k,同时也改变 $k\text{-mer}$ 频率阈值 f 选择新的 $k\text{-mer}$ 集合构建新的 De Bruijn 图。GapReduce 重新确定起始节点和结束节点,并重复先前的步骤,重新选择新路径以填补该 gap。较大的 k 值和较大的阈值 f,可以滤除由测序错误引起的错误 $k\text{-mer}$。较小的 k 和 f 值将使得 De Bruijn 图连通性更强,并帮助填充 g 的低测序深度区域。

7.3 实验及结果

7.3.1 实验数据

为了验证本方法的有效性,本方法在三个物种上由 Illumina 技术得到的真实测序数据上进行测试,并和目前流行的其他四种 gap 填充方法进行比较分析。这三个物种包括:金黄色酿脓葡萄球菌(S. aureus)、红假单胞菌(R. sphaeroides)和人类 14 号染色体

```
Algorithm 2: Get_Pl( LR(g), RR(g) ,G, k, α, β)
1: Initialization Pₗ = ？ ;Determine starting node ns and ending node nₑ;
2: Add ns to Pₗ and set nc =ns;Determine candidate node set N of nc
3: while |N| !=0 do
4:    if |N| ==1 then
5:       if The candidate node is nₑ then
6:          break
7:       end if
8:       Add the candidate node to Pₗ
9:    else
10:      for each candidate node nt in N do
11:         Determine k-mert
12:         if LEN(g)<=μ+2 ×σ then
13:            Compute  zl(nt) and zᵣ(nt)based on LR(g)and RR(g) respectively
14:         else
15:            Compute zl(nt) based on LR(g) and k-mert
16:         end if
17:      end for
18:      if LEN(g)<=μ+2 ×σ then
19:         Select nt1 and nt2, whose fr(nt1) and fr(nt2) are the two largest on LR(g) and RR(g)
20:         if fr(nt1) !=0 and fr(nt2) ==0 then
21:            Add nt1 to Pₗ and nc =nt1
22:         else if fr(nt1)/ fr(nt2) >α and zl(nt1) <β   and zr(nt1) <β then
23:            Add nt1 to Pₗ and nc =nt1
24:         else
25:            break
26:         end if
27:      else
28:         Select nt1 and nt2, whose fr(nt1) and fr(nt2) are the two largest based on LR(g)
29:         if fr(nt1) !=0 and fr(nt2) ==0 then
30:            Add nt1 to Pₗ and nc =nt1
31:         else if fr(nt1)/ fr(nt2) >α and zl(nt1) <β   then
32:            Add nt1 to Pₗ and nc =nt1
33:         else
34:            break
35:         end if
36:      end if
37:   Determine candidate node set N of nc
38: end while
```

图 7-4　获得路径 P_l 的计算过程

(Human 14)。前两个物种都包含两个双端读数文库,这两个文库具有不同的 insert size,其中一个具有较大的 insert size,一个具有较小的 insert size。人类 14 号染色体只包含一个双端读数文库,数据集详细属性见表 7-1。其中人类 14 号染色体参考序列中开头的连续'N'区域被去掉。本章采用由两个不同的组装方法 Velvet[125] 和 Soap2[132] 产生的 scaffold 作为原始输入数据,不同的 gap 填充方法对这些原始 scaffold 进行填充。这些原始 scaffold 的属性见表 7-2。

表 7-1　四组真实数据集

	S. aureus		R. sphaeroides		Human 14
基因组长度/Mbp	2.9	2.9	4.6	4.6	89
Read 长度/bp	101	37	101	101	101
Read 个数/M	1.3	3.5	2.1	2.1	22.7
覆盖度	～45	～45	～45	～45	～21
insert size/bp	180	3 500	200	3 500	2 500

表 7-2　Velvet 和 Soap2 产生的 scaffold 的属性

基因组	S. aureus		R. sphaeroides		Human 14	
组装工具	Velvet	Soap2	Velvet	Soap2	Velvet	Soap2
Scaffold 数目	173	175	382	312	61 455	38 477

7.3.2　评价指标

本章首先使用 QUAST[201] 来评价最终填充结果。QUAST 将 gap 填充后的 scaffold 与基因组参考序列进行比对,然后获得一些评价指标。(a)基因组覆盖度(GF):当把填充后的 scaffold 比对到参考序列后,参考序列上的能够比对上的碱基百分比。(b)组装错误(MA):在 scaffold 中错误的事件的个数;(c)NGA50:contig 或 scaffold 在每个错误位置把组装结果打断,然后重新计算 N50。然而,在原始 scaffold 中的 contig 之间的顺序和方向可能是错误的,这将导致错误的 gap 位置和长度信息。以前的评价指标通常忽略这些错误信息,并且这些错误信息对 gap 填充结果的影响尚不清楚。

在本章中,同时采用评价工具 GET 对 gap 填充结果进行评价。通过分析 gap 位置和长度的正确性,GET 将所有的 gap 分为五大类,并采用不同的方式提取每个 gap 的参考序列,GET 直接将 gap 填充区域与其参考序列进行比对,这有利于分析和评估特定 gap 的填充质量。对于所有的 gap,GET 采用 Needleman-Wunsch 算法来将它们的 gap 填充区域与参考序列进行比对,并计算以下新指标。(a)参考 gap 的长度(RGL):所有 gap 参考序列的长度;(b)匹配数(MN):gap 填充区域中能够正确地比对到参考序列上的碱基数;(c)错误匹配数(MmN):gap 填充区域中不能正确比对到参考序列上的碱基数;(d)准确率(Precision):匹配数除以匹配数和错误匹配数之和;(e)召回率(Recall):匹配数除以所有 gap 的参考序列长度;(f)F1-score:它是准确率和召回率的加权平均。详细计算公式见本书第四章。

本章在利用 GET 对 gap 区域评价时,只列出了所有 gap 的综合准确率、召回率和 F1-score。

7.3.3　结果比较

本方法和其他四种比较流行的 gap 填充方法进行了比较,这四种 gap 填充方法包括:GapFiller[174]、GapCloser[132],Sealer[176] 和 Gap2Seq[177]。

(1) Velvet 产生 scaffold 的 gap 填充评价结果

Velvet 产生 scaffold 的 gap 填充评价结果如表 7-3 所示,对于 S. aureus 和数据集 1,Gap2Seq 获得最大的 F1-score 和最大的 GF 值。GapCloser 的 NGA50 是最长的,并且 GapCloser 的 F1-score 值和 Gap2Seq 相比也不差。这种不一致是由于 QUAST 强调 gap

填充的连续性,而 GET 专门评估 gap 填充区域的正确性。对于 S. aureus 和数据集 2,所有 gap 填充工具的评价结果和数据集 1 相比,都变差了。数据集 2 的 insert size 相对较大,当使用较大 insert size 的数据集时,其他 gap 填充方法没有对可能覆盖 gap 区域的读数进行划分,这增加了噪声,进而影响了 gap 填充结果。然而,GapReduce 对可能覆盖 gap 区域的读数进行划分,并分别统计其特征,所以在该组数据上获得最佳 F1-score 和 GF。对于 S. aureus、数据集 1 和 2,Gap2Seq 的性能在 F1-score 和 GF 仍然能够达到最优。对于 R. sphaeroides,当使用数据集 3 和组合的数据集 3 和 4 时,Gap2Seq 也得到较好的 F1-score 和 GF。当使用数据集 4 时,由于数据集 4 的 insert size 较大,GapReduce 获得的 gap 填充结果的 F1-score 和 GF 都是最优的。对于 Human 14 和数据集 5,因为 Human 14 的基因组长度比较大,并且 Gap2seq 把 gap 填充过程转化为一个 NP-hard 问题,所以 Gap2Seq 不能得到最终的 gap 填充结果;在这组数据上,和其他方法相比,GapReduce 获得最优的 F1-score 和较好的 GF,这代表 gap 填充方法 GapReduce 的结果比其他方法更好。

(2) SOAP2 产生 scaffold 的 gap 填充评价结果

SOAP2 产生 scaffold 的 gap 填充评价结果如表 7-4 所示。这组原始 scaffold 数据比 Velvet 产生的 scaffold 要稍少,并且这组原始 scaffold 中包含的 gap 数量也相对较少。对于 S. aureus 和数据集 1,Gap2Seq 仍然获得最大的 F1-score,GapCloser 获得最优的 GF 值。当使用 S. aureus 和数据集 2 时,GapReduce 获得最优的 F1-score 和最优的 GF 值。对于 S. aureus 和组合数据集 1 和 2,Gap2Seq 仍然获得最优的 F1-score 值,GapCloser 方法获得了最优的 GF 值。对于 R. sphaeroides 和 Human 14,及其数据集,GapReduce 的 gap 填充结果的 F1-score 和 GF 都是最优的。本书还注意到,在这组由 SOAP2 产生的 scaffold 集合上,当使用具有较大的 insert size 数据集时,GapReduce 也都获得了较好的填充结果。

表 7-3　Velvet 的 scaffold 填充评价结果

物种/数据集	方法	MA	GF	NGA50	Precision	Recall	F1-score
S. aureus/ Dataset 1	GapCloser	51	98.27	158 731	0.986	0.455	0.623
	GapFiller	57	98.151	142 430	0.919	0.330	0.485
	Sealer	48	98.039	142 979	0.888	0.281	0.427
	Gap2Seq	52	98.308	142 978	0.942	0.532	0.680
	GapReduce	63	98.201	158 555	0.965	0.230	0.371
S. aureus/ Dataset 2	GapCloser	57	97.976	157 841	0.960	0.174	0.295
	GapFiller	39	97.746	142 389	0.730	0.008	0.016
	Sealer	41	97.852	157 682	0.928	0.076	0.141
	Gap2Seq	41	97.848	158 222	0.934	0.048	0.091
	GapReduce	52	98.062	158 097	0.923	0.231	0.369

表 7-3(续)

物种/数据集	方法	MA	GF	NGA50	Precision	Recall	F1-score
S. aureus/ Dataset 1 和 2	GapCloser	52	98.191	158 748	0.958	0.402	0.566
	GapFiller	57	98.151	142 430	0.919	0.33	0.485
	Sealer	42	97.888	157 665	0.917	0.108	0.193
	Gap2Seq	49	98.338	142 978	0.952	0.549	0.696
	GapReduce	69	98.242	158 555	0.963	0.325	0.486
R. sphaeroides/ Dataset 3	GapCloser	60	97.48	223 497	0.902	0.091	0.165
	GapFiller	57	97.529	223 521	0.958	0.102	0.184
	Sealer	38	97.334	223 506	0.837	0.026	0.05
	Gap2Seq	43	97.851	223 506	0.950	0.386	0.549
	GapReduce	66	97.643	223 531	0.940	0.096	0.175
R. sphaeroides/ Dataset 4	GapCloser	64	97.419	223 501	0.902	0.036	0.07
	GapFiller	36	97.283	223 376	0.952	0.011	0.022
	Sealer	37	97.39	223 489	0.969	0.011	0.022
	Gap2Seq	37	97.401	223 489	0.979	0.023	0.045
	GapReduce	47	97.463	223 499	0.945	0.054	0.102
R. sphaeroides/ Dataset 3 和 4	GapCloser	62	97.442	223 497	0.925	0.07	0.130
	GapFiller	57	97.529	223 521	0.958	0.102	0.184
	Sealer	39	97.395	223 506	0.902	0.036	0.069
	Gap2Seq	40	97.63	223 506	0.939	0.161	0.275
	GapReduce	73	97.659	208 637	0.944	0.131	0.230
Human 14/ Dataset 5	GapCloser	27 594	70.548	4384	0.894	0.083	0.152
	GapFiller	27 106	68.255	3582	0.860	0.040	0.076
	Sealer	25 146	69.276	4056	0.939	0.033	0.064
	Gap2Seq	*	*	*	*	*	*
	GapReduce	37106	69.166	2855	0.521	0.098	0.165

表 7-4　SOAP2 的 scaffold 填充评价结果

物种/数据集	方法	MA	GF	NGA50	Precision	Recall	F1-score
S. aureus/ Dataset 1	GapCloser	67	98.507	246 294	0.880	0.478	0.619
	GapFiller	66	98.477	246 294	0.793	0.174	0.286
	Sealer	66	98.474	246 294	0.618	0.217	0.322
	Gap2Seq	71	98.474	246 294	0.699	0.61	0.652
	GapReduce	67	98.489	246 294	0.975	0.106	0.191

表 7-4(续)

物种/数据集	方法	MA	GF	NGA50	Precision	Recall	F1-score
S. aureus/ Dataset 2	GapCloser	66	98.475	246 294	0.623	0.083	0.147
	GapFiller	66	98.464	246 294	0.562	0.059	0.106
	Sealer	66	98.476	246 294	0.562	0.066	0.118
	Gap2Seq	66	98.472	246 294	0.590	0.065	0.118
	GapReduce	68	98.485	246 294	0.789	0.089	0.159
S. aureus/ Dataset 1 和 2	GapCloser	67	98.509	246 294	0.708	0.342	0.461
	GapFiller	66	98.477	246 294	0.793	0.174	0.286
	Sealer	66	98.472	246 294	0.581	0.067	0.121
	Gap2Seq	66	98.478	246 294	0.701	0.627	0.662
	GapReduce	67	98.493	246 294	0.926	0.180	0.301
R. sphaeroides/ Dataset 3	GapCloser	137	98.721	539 828	0.803	0.053	0.099
	GapFiller	132	98.705	539 742	0.905	0.021	0.042
	Sealer	132	98.714	539 765	0.900	0.007	0.014
	Gap2Seq	132	98.714	539 765	0.989	0.008	0.015
	GapReduce	145	98.733	539 967	0.630	0.142	0.232
R. sphaeroides/ Dataset 4	GapCloser	140	98.715	539 765	0.533	0.042	0.078
	GapFiller	132	98.699	539 725	—	—	—
	Sealer	132	98.714	539 765	0.910	0.008	0.015
	Gap2Seq	132	98.714	539 765	0.960	0.008	0.016
	GapReduce	140	98.715	539 765	0.680	0.068	0.123
R. sphaeroides/ Dataset 3 和 4	GapCloser	136	98.721	539 828	0.829	0.053	0.099
	GapFiller	132	98.705	539 742	0.905	0.021	0.042
	Sealer	132	98.714	539 765	0.910	0.008	0.015
	Gap2Seq	132	98.714	539 765	0.775	0.062	0.116
	GapReduce	146	98.734	539 967	0.668	0.177	0.280
Human 14/ Dataset 5	GapCloser	15 246	77.487	27 630	0.630	0.070	0.126
	GapFiller	15702	77.351	27 619	0.560	0.038	0.070
	Sealer	15 380	77.339	27 655	0.401	0.014	0.028
	Gap2Seq	*	*	*	*	*	*
	GapReduce	15 957	77.769	28 187	0.652	0.141	0.232

表 7-5　运行时间和内存消耗

物种/数据集	方法	scaffold(Velvet)		scaffold(SOAP2)	
		内存(kb)	时间(s)	内存(kb)	时间(s)
S. aureus/ Dataset 1	GapCloser	348 196	27.2	282 660	49.52
	GapFiller	325 472	191.82	314 140	235.97
	Sealer	10 561 484	370.98	10 560 900	471.87
	Gap2Seq	2 193 640	186.3	2 193 640	77.01
	GapReduce	191 648	437.03	191 512	423.57
S. aureus/ Dataset 2	GapCloser	551 088	39.57	485 552	59.97
	GapFiller	297 308	486.2	276 908	309.23
	Sealer	10 553 608	857.3	10 552 956	389.7
	Gap2Seq	2 190 528	30.69	2 190 528	30.19
	GapReduce	230 224	180.23	229 384	149.55
S. aureus/ Dataset 1 和 2	GapCloser	760 296	37.02	760 296	54.43
	GapFiller	325 232	171.34	315 316	150.3
	Sealer	21 040 212	507.26	21 038 476	502.64
	Gap2Seq	2 195 456	620.53	2 195 392	96.94
	GapReduce	229 900	604.22	229 384	584.46
R. sphaeroides/ Dataset 3	GapCloser	400 984	32.32	466 520	80.19
	GapFiller	337 136	507.96	380 124	419.25
	Sealer	21 042 044	864.44	21 040 168	851.82
	Gap2Seq	2 802 564	1,917.11	2 267 444	168.36
	GapReduce	1 375 404	847.55	250 692	712.58
R. sphaeroides/ Dataset 4	GapCloser	327 000	28.17	392 536	74.81
	GapFiller	342 808	835.87	375 456	365.52
	Sealer	21 042 084	848.51	21 040 168	806.71
	Gap2Seq	4 777 612	4 707.18	2 268 068	120.6
	GapReduce	204 592	580.68	192 560	280.8
R. sphaeroides/ Dataset 3 和 4	GapCloser	521 048	36.39	586 584	70.87
	GapFiller	337 148	281.22	380 228	241.76
	Sealer	21 051 432	885.06	21 041 196	984.83
	Gap2Seq	13 713 672	67 960.23	2 344 036	438.43
	GapReduce	1 375 408	1 581.93	251 576	1 338.56
Human 14/ Dataset 5	GapCloser	3 590,460	25 262.23	3 056 616	7 574.85
	GapFiller	830 124	93 001.66	434 764	46 037.79
	Sealer	105 016 288	17 348.57	105 020,136	12 511.65
	Gap2Seq	*	*	*	*
	GapReduce	4 794 212	199 780.18	1 573 072	73 774.81

7.3.4　运行时间和内存消耗

五种不同 gap 填充工具在各个数据集上的运行时间和内存消耗见表 7-5。GapCloser 方法在运行时间和内存消耗上表现都比较好。Sealer 由于在运行时需要用户指定使用内存的大小，因此在运行 Sealer 时，本书采用了比较大的内存设定，以保证 Sealer 的正确运行。Gap2Seq 随着数据集的增大，运行时间也快速增长。GapReduce 在小数据集上内存消耗上表现良好，但是在大数据集上内存消耗较大。

7.4　本 章 小 结

与其他工具相比，GapReduce 的召回率相对较高，并且 GapReduce 的准确率也并不差，这意味着正确填充区域的长度比其他 gap 填充工具增长的更快，特别是对于大基因组。因此，GapReduce 的 $F1\text{-}score$ 和 GF 两个指标通常比其他工具更好。当更多的 gap 区域被正确填充时，有利于检测 gap 区域中是否存在基因，并有利于下游生物分析。

如表 7-3 和表 7-4 所示，当 GapReduce 使用具有长 insert size 的数据集时，它产生更令人满意的填充结果。Insert size 越长，则 gap 区域越可能被 gap 左右两个读数子集同时覆盖。GapReduce 可以同时利用这两个读数子集的特性有效地解决路径选择问题。

本章提出了一种 gap 填充工具，称为 GapReduce，它可以通过使用划分读数集合的方法填充 gap 区域。对于可能覆盖给定 gap 的读数集合，GapReduce 采用不同的值 k 和 $k\text{-}mer$ 频率阈值，迭代地构建 De Bruijn 图。为了克服路径选择问题，GapReduce 基于两个不同读数子集，同时考虑 $k\text{-}mer$ 频率和双端读数的 insert size 大小特征以确定 gap 填充的路径。本章把 GapReduce 与当前流行的四个 gap 填充方法进行比较。实验结果表明 GapReduce 可以产生更令人满意的 gap 填充结果。

8   基于 k-mer 特征分布的重叠检测算法

第三代测序技术可以产生更长的读数,已广泛用于许多领域。当使用长读数进行基因组组装时,长读数之间的重叠检测是最重要的一步。但是,第三代测序技术的测序错误率非常高,获得准确的重叠检测结果仍然是一项艰巨的任务。在这项研究中,本章提出了一种长读数重叠检测算法(long reads overlapping detection,LROD),可以提高重叠检测结果的准确性。为了检测两个长读数之间的重叠区域,LROD 首先仅在它们之间保持相同共有的 k-mer。相同共有 k-mer 可以简单地进行重叠检测过程。其次,LROD 找到一条包含一致的共同 k-mer 的链。链是指候选重叠。在此步骤中,LROD 提出了一个两阶段策略来评估两个常见的 k-mer 是否一致。最后,LROD 进一步利用一种新颖的策略来确定候选重叠是否真实,并对其进行修改。为了验证 LROD 的性能,在实验中使用了三个模拟的和两个真实的长读数数据集。与其他两种流行的工具(MHAP 和 Minimap2)相比,LROD 可以在 F1-score,精度和召回率方面达到良好的性能。

8.1   前   言

基因组组装中计算上最耗时的阶段之一是重叠检测,如果使用保守的算法执行步骤,则算法复杂度达到 $O(n^2)$,即将每个读数的序列与其他每个读数的序列进行比较。对于具有数量巨大的测序读数,这将是一个很费时的操作,因此已开发出各种 k-mer 技术和其他种子(seeding)技术来识别可能具有高度相似性重叠的候选读数对。为了解决运行效率不高的问题,Canu 使用 MHAP 重叠算法来快速检测原始 PacBio 或 Oxford 纳米孔长读数之间的重叠区域。这项工作取代了精确但缓慢的动态编程算法,该算法使用基于局部敏感哈希的近似算法来计算一对读数之间的比对。有了它,就可以根据长读数之间共有 k-mer 的百分比,估算一对长读数之间的序列相似性。该算法最初是为识别整个 Internet 上高度相似的网页而开发的,可扩展应用到大量的长读数重叠检测并将运行时间提高几个数量级。然后,在 Canu 内,以 Celera Assembler 的设计为基础,组装经过纠错的长读数,其中读数之间的重叠信息包含在节点和边的重叠图中。

而最流行的两种算法,MHAP 算法和 minimap2 算法虽然都表现出良好的效果,但在应用时仍然有一些瑕疵,例如基于局部敏感哈希的 MHAP 算法,它使用 MinHash 算法基于任意两次读取之间的 k-mer 相似性来检测重叠。MinHash 使用固定数目的散列函数对集合中的所有 k-mer 进行散列,并将散列值最小的 k-mer 存储在一个草图列表中,从而计算两个或多个 k-mer 之间的近似相似性。对于长度有很大差异的长读数来说,每对读数抽取固定数目的 k-mer 来检测重叠,如果这个数目较小,对于较短的读数更有益,但对于较长的读数,准确性就会遇到麻烦;如果这个数目较大,对较短的读数就是一种资源浪费。而 minimap2 算法是一种没有纠错步骤的算法,它将多种优秀算法集于一身,不仅运行速度很快,准确性也得到了很大改善,但距离理想的标准,还需要再进一步。

8.2　*K*-mer 分布特征

本节将介绍 k-mer 在两条长读数中的分布特征以及 k-mer 在数据集中的分布特征,这两个特征是实现重叠检测的基石。长读数序列是由"A,T,C,G"四种字符组成的字符串,生命的信息都存储在 DNA 和 RNA 序列里面,然而数字化后的基因序列也存在着不可思议的特征。

8.2.1　k-mer 在两条读数中的分布特征

两个读数中存在的重叠包括部分重叠和全部重叠。而 k-mer 是长度为 k 的子序列,根据两读数和 k-mer 种类之间存在某种联系。如图 8-1 所示,图 8-1(a)对应图 8-1(c)的分布位置,图 8-1(c)中的两个长读数是存在正向的部分重叠;图 8-1(b)对应图 8-1(d)的分布位置,图 8-1(d)中的两个长读数是存在反向的部分重叠。图 8-1(a)和图 8-1(b)的点是相同 k-mer 在两个长读数上的位置,横坐标是其中一条长读数 k-mer 对应的位置,纵坐标就是另一条长读数上的位置。由图示可知,对两个存在正向重叠的长读数来说,在两个读数上的位置成正比,斜率约为 1。对两个存在反向重叠的长读数来说,在两个长读数上的位置成反比,斜率约为一1。

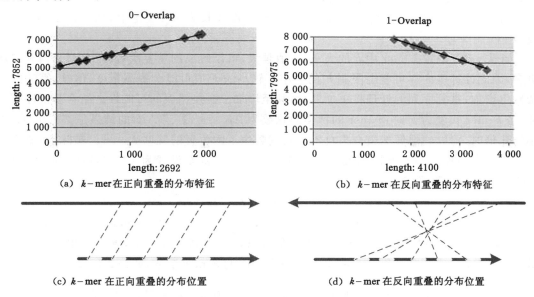

图 8-1　存在重叠的两个长读数之间的 k-mer 关系图

图 8-2 是两种不存在重叠的 k-mer 分布特征,图 8-2(a)对应图 8-2(c)中的两条长读数,从图 8-2(a)中,可以看到 k-mer 的横坐标大致分布在区间 [700,2100] 的范围内,而纵坐标则在 [2500,2788] 之间,说明在两条读数上的相同 k-mer 的分布,一条呈聚集状态,而另一条则分布比较零散。而图 8-2(b)对应图 8-2(d)的两条长读数,在图 8-2(b)中 k-mer 位置分布均比较松散,但是无法连接成线,说明这两条读数虽然相同的 k-mer 比较多,但是比对的位置,规律性不强,显然是不存在重叠区域的。

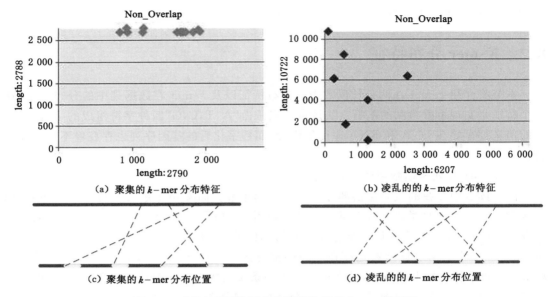

（a）聚集的 $k-$mer 分布特征 　　　　　　　（b）凌乱的的 $k-$mer 分布特征

（c）聚集的 $k-$mer 分布位置 　　　　　　　（d）凌乱的的 $k-$mer 分布位置

图 8-2　不存在重叠的两个长读数之间的 k-mer 关系图

8.2.2　k-mer 在数据集中的分布特征

对于长度为 L 的长读数，从中提取 k-mer，假设步长为 sl，理论上，从中读取的 k-mer 数为 $((L-k)/sl+1)$。

首先，需要确定 k-mer 中 k 的大小。k 值越大，可以解决的重复次数越少，但是内存需求更多，因此计算机内存可能会限制 k 的大小。较小的 k 值可能会提高精度，但是，算法的复杂性将增加，重复序列的处理将更加复杂，甚至增加了拼接错误的可能性。结合基因序列特征，当 k-mer 长度为 k 时，k-mer 的种类的总数为 $AK=4^k$。当 AK 的结果是基因组（G）大小的几倍时，可以确保偶然组合来自不同长读数中不同位置的某些 k-mer。实际上，研究人员通常要求 AK 至少是基因组大小的五倍[71]。本方法将 k 设置为 13，并且在每组数据中，k 都可以满足方程式（8-1）。

$$4^k > 5 \times G \qquad (8\text{-}1)$$

使用 N_i 来表示长读数据集中第 i 个 k-mer 的频率。$|N|$ 是 k-mer 类型的总数。使用 $F(x)$ 表示 k-mer 频次是 x 的 k-mer 类型的数量，$x=1,2,3,\ldots,h$，k-mer 集中出现次数最大是 h。$F(x)$ 用来计算 k-mer 集合中每个频次的 k-mer 个数，如公式（8-2）：

$$F(x) = \sum_{i=1}^{|N|} 1 \quad \text{如果 } N_i = x \quad (x \in (0,h], i \in [1, |N|]) \qquad (8\text{-}2)$$

从上面可以看出，假设 k-mer 的集合为 $KC=\{$AAT,ATA,TAG,TAG,AGT,ATA, AAT,AGT,AGT$\}$，$|N|=4$，从 KC 可以知道当 $x=0$，$F(1)=0$，KC 中不存在只出现一次的 k-mer。$x=2$，$F(2)=3$，有三个 k-mer 在集合中出现两次；$x=3$，$F(3)=1$，只有一个 k-mer 重复出现 3 次。从这个例子中，可以发现公式（8-3）成立。

$$|N| = \sum_{x=1}^{h} F(x) \qquad (8\text{-}3)$$

以人类的 20 号染色体为例，根据不同频次的 k-mer 总数的分布建立直方图，其中 X 轴

表示 k-mer 的频次数,Y 轴表示 k-mer 频次为 x 时 F(x) 的值。可以建立直方图 8-3。

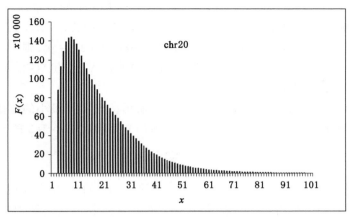

图 8-3　k-mer 的深度直方图

8.3　基于 k-mer 分布特征的长读数重叠区检测方法

在本章中,LROD 的目标是基于 k-mer 的分布来检测长读数之间的重叠。在长读数操作中,一个 k-mer 是长度为 k 的子字符串。假设长读数的长度为 L,长读数的 k-mer 的数量为 $(L-k+1)$。然后,LROD 构造一个 k-mer 散列表。对于两条长读数,LROD 使用算法 1 检测它们之间的重叠。如算法 1 所示:首先,LROD 发现共同 k-mer 设置两个长读数 R_1 和 R_2;其次,基于公共 k-mer 集,LROD 试图寻找一个表示一致的公共 k-mer 的链,该链对应一个候选重叠;第三,LROD 进一步评估候选重叠并确定最终的重叠区域。接下来的部分将详细描述每个步骤。

8.3.1　选择可靠 k-mer

对于两个长读数,LROD 利用它们之间的公共 k-mer 来确定它们是否重叠。然而,TGS 的高测序错误率往往会导致一些错误的公共 k-mer,重复区域可能会导致公共 k-mer 之间的位置矛盾。对于长读数数据集,频次较低的 k-mer 通常包括测序错误。同时,一个频次较大的 k-mer 通常来自一个重复区域。因此,LROD 只选取频次在区间 $[f_{\min}, f_{\max}]$ 内的 k-mer 作为可靠的 k-mer,$f_{\min}$ 和 $f_{\max}$ 是 LROD 计算的两个阈值。LROD 只使用可靠的 k-mer,可以避免大部分由测序错误和重复区域引起的问题。在计算 $f_{\min}$ 和 $f_{\max}$ 的值之前,LROD 需要确定 k 的值。k 值越大,有助于解决重复问题,两条长读数之间的公共 k-mer 越少。但是,k 值越小,会引入更多的虚假的公共 k-mer,使得重叠检测的过程更加复杂。LROD 默认将 k 设为 13。接下来,LROD 采用如下所述的方法来选择固体 k-mer。对于长读数数据集,LROD 首先使用 DSK[72],一种 k-mer 计数软件,计算数据集中每个 k-mer 的频次。如果一个 k-mer 的频次是 1,这意味着只有一个读数包含这个 k-mer,这个 k-mer 在查找两个长读数之间的重叠时是没有价值的。对于 LROD,k-mer 的最小频次是 2,默认情况下是 $f_{\min}=2$。该阈值可以滤除大量可能包含测序错误的 k-mer。$f_{\max}$ 的取值应根据长读数集的覆盖范围和基因组的特征来确定。如果 $f_{\max}$ 较大,则重复区域的 k-mer 可能保留在后续步骤中。如果 f_{max} 较小,则可能忽略一些非重复区域的 k-mer。LROD 提出了一种基于 k-mer 频次的 f_{max} 计算方法。$F(x)$ 为频次为 x 的 k-mer 的数量,$x=1,2,3\cdots h$,其中 h 为最大 k-mer 频次。例如,有一个 3-mer 集合{AAT,ATA,TAG,TAG,AGT,ATA,AAT,AGT,AGT}。对于这个 k-mer 集合,没有 3-mer 只出现一次,则 $F(1)=0$。$F(2)=3$,这意味着有三个 3-mer 出现了两次,它们分别是"AAT,ATA,TAG"。$F(3)=1$,这意味着只有一个 3-mer "AGT"重复三次。

然后用 $S(y)$ 计算 $F(x)$ 的累加和,如式(8-4)所示。当 f 是最小的值使得 $S(f)>\omega\times S(h)$,在默认情况下 $\omega=0.9$,则设置 $f_{max}=f$。$S(h)$ 是频次不小于 2 的 k-mer 的总频次。

$$S(y)=\sum_{x=f_{min}}^{y} F(x) \tag{8-4}$$

在确定区间 $[f_{min},f_{max}]$,频次不在这个区间的 k-mer 在后续步骤被忽略。仅使用可靠的 k-mer 进行重叠检测,可以最大限度地减少测序误差和重复区域带来的影响,提高结果的准确性。这些保留的 k-mer 通过使用 k-mer 散列表和 k-mer 作为键进行索引。当给定一个特定的 k-mer 时,根据 k-mer 散列表,LROD 可以快速识别包含它的长读数。同时,LROD 可以在这些长读数中获得它的位置和方向。因此,LROD 可以基于 k-mer 散列表快速找到一个用于两个长读数的公共 k-mer 集合。

LROD 选择两个长读数 R_1 和 R_2 来检测是否有重叠。如果他们有一个重叠,LROD 将分别给出在 R_1 和 R_2 中重叠的区域。对 R_1 和 R_2 重叠的检测过程描述如下。

8.3.2 获取两条长读数的公共 *k*-mer 集合

首先,LROD 通过 k-mer 哈希表获得 R_1 和 R_2 之间的公共 k-mer 集(CKS,common k-mer set)。如果长读数中的一个 k-mer 在另一长读中出现了两次或更多次,则 LROD 将其从 CKS 中删除。CKS 中的第 i 个常见 k-mer 用四元组(P_{1i},O_{1i},Q_{2i},O_{2i})表示。P_{1i} 和 Q_{2i} 分别是公共 k-mer 在 R_1 和 R_2 上的起始位置。O_{1i} 和 O_{2i} 分别是公共 k-mer 在 R_1 和 R_2 上的方向。如果第 i 个公共 k-mer 具有相同的方向($O_{1i}=O_{2i}$),则公共 k-mer 为正向公共 k-mer,否则为相反的公共 k-mer。LROD 使用 M 表示正向公共 k-mer 的数目,使用 N 表示相反的公共 k-mer 的数目。如果 $M>N$ 并且 $M>count$(默认情况下,count = 5),则 LROD 会保留正的公共 k-mer,而忽略那些相反的公共 k-mer。如果 $N>M$ 并且 $N>count$,则 LROD 会保留这些相反的 k-mer,而忽略那些正向 k-mer。根据 CKS 中其余的公共 k-mer,它们在 R_1 中的位置按升序排序。如果 R_1 和 R_2 不满足以上两个条件中的任何一个,则 LROD 认为它们没有一个重叠,并处理另一对长读数。

Algorithm 1: Finding_overlap_region $(R_1,R_2,k,k_s,\alpha\alpha\alpha,\beta)$

Input:两个长读数

Output:确定两个长读数是否有重叠区域,如果有再确定具体位置

Begin

在 R_1 和 R_2 中找到公共的 k-mer 集合 CKS

从 CKS 中移除正向或反向的普通 k-mer

对 CKS 中公共的 k-mer 进行排序

$m=|CKS|$

if (mmm<count)

```
        return NULL
end if
i = 0;
while: i<m
    if (CKS[i] is not visited)
        CKS[i] is visited
chain = Chaining_from_start (CKS, i, k, k_s, αaα, β)
if (chain ! = NULL)
all common k-mer in the chain are visited
region = evaluate_candidate_overlap_region(CKS, chain)
if (region ! = NULL)
            return region;
else
            i++
        end if
else
i++
            end if
        end if
    end if
end while
return NULL
End
```

8.3.3 创建链

在此步骤中,LROD 旨在从 CKS 中找到一条链,该链由一些一致的公共 k-mer 组成,并且该链对应于候选重叠。算法 2 显示了链接的伪代码。首先,将起始的共同 k-mer 添加到链中。然后,LROD 搜索与链中最后一个公共 k-mer 一致的第一个后续公共 k-mer。找到一个一致的共同 k-mer 后,它将被添加到链中。LROD 重复此过程,直到访问了所有常见的 k-mer。最后,LROD 可以获得一条链。

寻找链的最重要问题是如何确定两个常见的 k-mer 是否一致。对于两个公共的 k-mer,可以计算出它们在两个长读数中的距离。当两个距离较大或相差太大时,两个常见的 k-mer 可能不一致。LROD 为此问题制定了两个阶段的策略。算法 3、4 和 5 显示了伪代码,用于确定两个常见的 k-mer 是否一致。在算法 4 所示的第一阶段,LROD 提出了一些评估条件。如果无法在第一阶段确定它们,则 LROD 使用第二阶段(如算法 5 所示)基于较小的 k_s-mer($k_s < k$)进一步分析它们是否一致。

Algorithm 2 Chaining_from_start (CKS, start, k, k_s, αaα, β)
Input:公共 k-mer 的起始位置
Output:找到一个由一些一致的公共 k-mer 组成的链
Begin
m = |CKS|

end ＝ start ＋ 1

chain ＝ NULL

CKS[start] is added to chain

while start ＜ m and end ＜= m

result ＝ Determine_consistent (CKS[start], CKS[end], k_s, $\alpha\alpha\alpha$, β)

if (result ！ ＝ true)

       end＋＋

       continue

end if

CKS[end] is added to chain

start＝end

    end ＝ end ＋ 1

end while

if (|chain|＞$\lambda\lambda\lambda$)

return chain

else

    return NULL

end if

End

对于两个公共的 k-mer（P_{1i},O_{1i},Q_{2i},O_{2i}）和（P_{1j},O_{1j},Q_{2j},O_{2j}），两个距离 $D_1 = |P_{1i} - P_{1j}|$ 和 $D_2 = |Q_{2i} - Q_{2j}|$ 可以计算。在算法 4 中，LROD 使用 C1,C2,C3 和 C4 评估它们的一致性。下面列出了这四个条件。C1 表示他们都是正向的。C2 表示它们是反向的。由于 TGS 的测序错误率很高，因此应该在两个连续的一致的公共 k-mer 之间留出一定的距离。但是，距离越大，测序错误就越多。因此，C3 用来设定两个一致的公共 k-mer 之间的最大距离。但是，很难确定阈值。较小 α 将错过一些一致的公共 k-mer,而大 α 将带来更多不一致的公共 k-mer。在此阶段，LROD 采用较小的 α_1(400)值来选择高置信度一致的公共 k-mer。同时，C4 指定 D_1 和 D_2 之间的最大差(β＝0.3)。当两个常见的 k-mer 满足条件时，LROD 认为它们是一致的。

C1：$P_{1i} ＜ P_{1j}$ 和 $Q_{2i} ＜ Q_{2j}$;

C2：$P_{1i} ＜ P_{1j}$ 和 $Q_{2i} ＞ Q_{2j}$;

C3：$D_1 ＜ \alpha\ and\ D_2 ＜ \alpha$;

C4：$(Max(D_1,D_2) - Min(D_1,D_2))/Max(D_1,D_2) ＜ \beta$。

Algorithm3 Determine_consistent（CKS[start],CKS[end]，k_s,$\alpha\alpha\alpha$,β）

Input:公共 k-mer

Output:判断两个公共 k-mer 是否一致

Begin：

if (determine_consistent_1(CKS[start], CKS[end],α)！＝ true)

return determine_consistent_2(CKS[i], CKS[j],k_s,β)

else   return true

end if
End
Algorithm4 Determine_consistent_1 (CKS［start］，CKS［end］)
Input：公共 k-mer
Output：判断两个公共 k-mer 是否一致
Begin
if (forward common k-mer)
  if (C1 == TURE and C3 == TURE and C4 == TURE)
       return true
    else
       return false
   end if
end if
if (reverse common k-mer)
   if(C2 == TURE and C3 == TURE and C4 == TURE)
     return true
   else   return false
end if
end if
End

对于两个公共的 k-mer(P_{1i},O_{1i},Q_{2i},O_{2i}) 和(P_{1j},O_{1j},Q_{2j},O_{2j})，两个距离 $D_1 = |P_{1i} - P_{1j}|$ 和 $D_2 = |Q_{2i} - Q_{2j}|$ 可以计算。在算法 4 中，LROD 使用 $C1$,$C2$,$C3$ 和 $C4$ 评估它们的一致性。下面列出了这四个条件。$C1$ 表示他们都是正向的。$C2$ 表示它们是反向的。由于 TGS 的测序错误率很高，因此应该在两个连续的一致的公共 k-mer 之间留出一定的距离。但是，距离越大，测序错误就越多。因此，$C3$ 用来设定两个一致的公共 k-mer 之间的最大距离。但是，很难确定阈值。较小 α 将错过一些一致的公共 k-mer，而大 α 将带来更多不一致的公共 k-mer。在此阶段，LROD 采用较小的 α_1(400)值来选择高置信度一致的公共 k-mer。同时，$C4$ 指定 D_1 和 D_2 之间的最大差($\beta = 0.3$)。当两个常见的 k-mer 满足条件时，LROD 认为它们是一致的。

$C1$：$P_{1i} < P_{1j}$ 和 $Q_{2i} < Q_{2j}$；
$C2$：$P_{1i} < P_{1j}$ 和 $Q_{2i} > Q_{2j}$；
$C3$：$D_1 < \alpha$ and $D_2 < \alpha$；
$C4$：$(Max(D_1,D_2) - Min(D_1,D_2))/Max(D_1,D_2) < \beta$。
Algorithm5 Determine_consistent _2 (CKS［start］，CKS［end］)
Input：公共 k-mer
Output：判断两个公共 k-mer 是否一致
Begin：   Finding the commonk-mer set CKS between$[P_1,P_n+k]$in R_1
$R_1 R_1$ and$[Q_1,Q_n+k]$ in $R_2 R_2 R_2$
．if (there is a chain which starting from the starting point to the ending point)

```
return true
else
return false
end if
End
```

由于算法 4 使用小的 α_1(400)，因此将选择高置信度一致的公共 k-mer。但是，该阈值仍然会遗漏一些一致的常见 k-mer。当算法 4 返回 false 时，LROD 将利用算法 5 进一步评估两个公共 k-mer 之间的一致性。在算法 5 中，LROD 采用大的 α_2(1500)，这将带来更多的候选公共 k-mer。为了识别正确的一致的通用 k-mer，LROD 从 R_1 中的两个区域 $[P_{1i}+k-k_s, Q_{1j}+k_s]$ 和 R_2 中的 $[Q_{2i}+k-k_s, Q_{2j}+k_s]$ 中找到小的 k_s-mer。如果两个常见的 k_s-mer 满足 $C3(\alpha_3=300)$ 和 $C4$，则它们将被链接。如果 LROD 可以找到从开始公共 k_s-mer 到结束公共 k_s-mer 的路径，则算法 5 返回 true。

获得链后，链的长度应大于阈值，并且链中常见 k-mer 的数量也应大于阈值。

最后，如果链中公共 k-mer 为正，则 LROD 认为 R_1 和 R_2 可能来自同一链。否则，它们可能来自反向链。此外，LROD 分别在 R_1 和 R_2 上获得两个粗糙的重叠区间 $[P_1, P_n+k]$ 和 $[Q_1, Q_n+k]$，其中 P_1 和 Q_1 是链中的第一个 k-mer，P_n 和 Q_n 是链中的最后一个 k-mer。

8.3.4 最终确定是否存在重叠

由于排序错误，与上述候选重叠相比，实际重叠可能会有一些偏差。假设 R_1 上的真实重叠为 $[SP_1, EP_1]$，R_2 上的真实重叠为 $[SP_2, EP_2]$。R_1 和 R_2 的长度分别为 len_1 和 len_2。LROD 使用以下方法修改候选重叠并获得 R_1 和 R_2 的真实重叠。

如果 $P_1 > Q_1$ 并且 $len_1 - P_n <= len_2 - Q_n$，$SP_1 = P_1 - Q_1$，$EP_1 = len_1$；$SP_2 = 1$，$EP_2 = Q_n + len_1 - P_n$。

如果 $P_1 < Q_1$ 并且 $len_1 - P_n <= len_2 - Q_n$，$SP_1 = 1$，$EP_1 = len_1$；$SP_2 = Q_1 - P_1$，$EP_2 = Q_n + len_1 - P_n$。

如果 $P_1 > Q_1$ 并且 $len_1 - P_n > len_2 - Q_n$，$SP_1 = P_1 - Q_1$，$EP_1 = P_n + len_2 - Q_n$；$SP_2 = 1$，$EP_2 = len_2$。

如果 $P_1 < Q_1$ 并且 $len_1 - P_n > len_2 - Q_n$，$SP_1 = 1$，$EP_1 = P_n + len_2 - Q_n$；$SP_2 = Q_1 - P_1$，$EP_2 = len_2$。

经过上述处理，可以获得 R_1 和 R_2 上的实际重叠。

P_1 和 Q_1 分别是 R_1 和 R_2 上公共 k-mer 的起始位置，P_n+k 和 Q_n+k 是 R_1 和 R_2 上公共正向 k-mer 的终止位置。SP_1 和 EP_1 分别是 R_1 上最终重叠的起始位置和终止位置，SP_2 和 EP_2 分别是 R_2 上最终重叠的起始位置和终止位置。部分重叠：一个长读数的右端与另一个长读数的左端对齐。(b) 完全重叠：长读数与另一长读数的一部分完全对齐。

如图 8-4 所示，R_1 的重叠长度为 $OverlaplenR_1 = EP_1 - SP_1$，$R_2$ 的重叠长度为 $OverlaplenR_2 = EP_2 - SP_2$。分别使用 $MaxOverlaplen$ 和 $MinOverlaplen$ 表示最大重叠长度和最小重叠长度 $MaxOverlaplen = \max(OverlaplenR_1, OverlaplenR_2)$，$MinOverlaplen = \min(OverlaplenR_1, OverlaplenR_2)$。

当 R_1 和 R_2 满足以下三个条件时，LROD 认为 R_1 和 R_2 具有重叠。在 R_1 和 R_2 上的重叠分别是 $[SP_1, EP_1]$ 和 $[SP_2, EP_2]$。否则，它们之间将没有重叠。

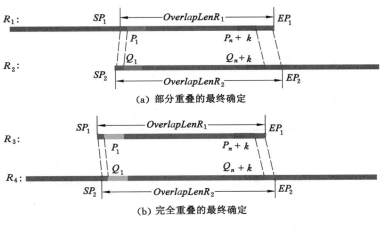

（a）部分重叠的最终确定

（b）完全重叠的最终确定

图 8-4 确定最终重叠

（1）$OverlaplenR_1 - (P_n + k - P_1) < \delta$ 且 $OverlaplenR_2 - (Q_n + k - Q_1) < \delta$，$\delta$ 等于 500。

（2）$Min Overlaplen > \varepsilon$（$\varepsilon$ 默认值 500）。

（3）$(Max Overlaplen - Min Overlaplen)/Max Overlaplen > 0.3$。

8.4 实验及结果

对于模拟数据集，序列比对到参考基因的位置是唯一确定的，在完成标准集的时候，只需要简单数据处理即可。对于真实数据集，本书采用将长读数使用 blasr 工具比对到参考基因上的方式，在对输出结果做进一步处理，获取标准集。

使用 SURVIVOR[69] 工具制作的模拟数据集样本，在模拟数据集中加入了 20% 左右的序列错误，并控制了读数的长度不少于 2 000bp。具体内容如下图 8-5 所示，$21, 22, \cdots, 25$ 是序列的索引，中间的数字，如 844658 是比对到参考基因上的位置，"+"和"−"分别表示比对到参考基因的正链和反链。根据这些信息就可以计算并获取模拟数据样本的标准集。

获取真实数据标准集不像模拟数据那样简单，获取真实数据标准集的步骤如下：（1）使用 blasr 工具将真实数据集比对到参考基因上，输出比对结果文件。（2）根据输出文件结果中的比对质量，比对方向，比对上的读数的起始位置和终止位置，以及比对到参考基因上的起始位置和终止位置，计算出存在重叠的序列结果（blasr 输出结果中的重要信息见表 8-1 所示）。

表 8-1 blasr 输出结果中的重要信息

A	B	C	D	E	F	G	H	I	J	K
46	NC_000913.3	0	1	91.476 7	1 517 825	1 521 477	4 641 652	0	3 764	3 767
55	NC_000913.3	0	0	91.569 7	4 415 174	4 418 570	4 641 652	2	3 379	3 389
39	NC_000913.3	0	0	87.310 1	2 736 206	2 743 915	4 641 652	0	8 396	8 396

表 8-1（续）

A	B	C	D	E	F	G	H	I	J	K
32	NC_000913.3	0	1	92.837 4	693 407	699 300	4 641 652	0	5 989	5 997
32	NC_000913.3	0	1	92.685	428 486	432 961	4 641 652	1 462	5 989	5 997
32	NC_000913.3	0	1	90.057 6	4 412 655	4 417 337	4 641 652	1 346	5 989	5 997
32	NC_000913.3	0	1	90.949 5	469 891	474 449	4 641 652	1 464	5 989	5 997

将长读数比对到参考基因上的命令是："blasr 长读数　参考基因文件　－m 1 －out 输出文件　－－nproc 线程数"，"－m 1"是 blasr 工具的一种输出格式，当然还有其他输出格式。

```
>21_844658_+
CAAACTGCTATAACACAAGCTCAGAGCACGACGTACCAGTAACGGGCGGCT
>22_2241545_+
ACTCCGGCTTTCATTACTGCTTTCACCGCTGTGTCGCAGCTGACCACGTGC
>23_2155966_-
TCGGCATTAACAGCATGTGGCGATGCGCACCGATAATTCCCCACCCGGAAT
>24_2986228_-
CATTCATCACTATTATTTGAATAATTTCAATTGTTTACTGTGCTCGATAAT
>25_4277261_+
ATTCGGTTGCAAGTACCATTTGAATAGTCCTGATCTTTCTTTGCACAATCA
>26_134238_+
ACGACACATGCCCGCGTAGAATTGAGTTCCCGAGCATTTTTTTATTTCTCT
>27_502661_-
GGGCGGCAAGCGCGGACTGGATTATCGATACTGGCGGGTCAGGCTGATCTG
>28_161036_-
GAGCGCCACCGCCTGGCCCGTGGTTTACCGGTCGCGACAAATTATAAATTT
```

图 8-5　模拟数据原始数据样式

如表 8-1 所示，第 A 列是长读数序列编号；B 列参考基因名称；C 列表示长读数方向；D 列是参考基因的方向，1 表示反链，0 表示正链；E 列是长读数比对到参考基因上的比对质量，在方法中，使用的是比对质量在 85% 以上的序列参与到标准集的计算；F 和 G 列是长读数比对到参考基因上，参考基因的起始位置和终止位置；H 列是参考基因的总长度，即 NC_000913.3 的总长度是 4 641 652bp；I 和 J 列分别是长读数比对到参考基因上的起始位置和终止位置；最后一列 K 列是长读数的长度。也就是说，以第 46 条长读数为例，长度为 3767bp 的第 46 条长读数序列比对到长度为 4 641 652bp 参考基因 NC_000913.3 的反链上，参考基因的 1 517 825 到 1 521 477 位置和长读数的 0 到 3 764 的位置可以比对得上，比对质量为 91.476 7%。

在表 8-1 的最后四行，可以看出，序号都是 32，就是说第 32 条长读数比对到了参考基因的 4 个位置上，而最后三行，虽然比对质量比较高，但不是完全比对到参考基因上，所以在制作标准集的时候只考虑完全比对到参考基因的那组数据。

综上所述，参与到标准集的长读数需要满足以下三个条件：① 读数长度大于 2 000bp；② 比对到参考基因上的质量大于 85%；③ 能够完全比对到参考基因。

8.4.1　实验数据与性能指标

为了验证本书提出的方法的有效性，使用五个数据集对 LROD，MHAP 和 Minimap2

进行对比测试。这五个数据集包括三个模拟数据集和两个真实数据集。这两个真实的数据集来自于基因组大肠杆菌(E. coli)和秀丽隐杆线虫(C. elegans),它们通过 SMRT 技术进行了测序,这些真实的数据集可从,Schatzlab. cshl. edu/data/ectools/和 schatzlab. cshl. edu/data/nanocorr/获得。这两个真实数据集分别命名为 E. coli_Real 和 C. elegans_Real。本章使用 SURVIVOR 获得三个模拟数据集,这三个模拟数据集包括 10X 覆盖率的大肠杆菌(E. coli-10),20X 覆盖率的大肠杆菌(E. coli-20)和 10 倍覆盖率的人类 20 号染色体(chr20-10)。对于这些长读数数据集,在以下实验中,保留长于 2000 bp 的长读数。表 8-2 显示了这些长读数的数据集的详细信息。

表 8-2　长读数的属性

数据集	基因组长度/Mbp	读数的平均长度/bp	读数	覆盖度
E. coli-10	4.6	6 555	6 955	～10
E. coli-20	4.6	6 619	13 911	～20
chr20-10	6.4	6 621	96 574	～10
E. coli_Real	4.6	4 185	6 972	～7
C. elegans_Real	99.9	4 091	188 559	～77

如表 8-2 所示,三个模拟数据集的长读数平均长度超过 6 000bp,两个真实数据集的平均长度超过 4 000bp。此外,这些数据集不仅包括低覆盖率数据集(7X－30X),还包括高覆盖率数据集(77X)。

对于这三个模拟数据集,可以直接获得长读数之间的真实重叠。关于这两个真实的数据集,首先使用 BLASR 将这些长读数与参考基因组对齐,仅保留比对质量大于 85％的读数,长读数应在基因组参考上完全对齐。然后,可以根据它们的对齐位置获取这些长读数之间的真实重叠。获得的重叠结果用于评估重叠检测工具的性能。

表 8-3 列出了本书中使用的性能指标。召回率:预测的正确重叠与真实重叠的比率;精度:正确的预测重叠数与所有预测的重叠数之比值;F1-score:将精度乘以查全率的两倍,然后再除以精度和召回率之和。F1-score 是一个综合指标,其值越高,重叠检测工具的性能越好。

表 8-3　性能评价指标

评价指标	公式描述
精度(Precision)	$P = TP/(TP + FP)$
召回率(Recall)	$R = TP/(TP + FN)$
F1-score	$F1 = (2 \times P \times R)/(P + R)$

注释:TP:真阳性;FP:假阳性;FN:假阴性。

8.4.2　数据结果分析

如表 8-4 所示,LROD 对于这五个数据集可以获得令人满意的结果。尤其是在模拟数据集中,对于大多数情况,LROD 的性能指标 Precision,Recall 和 $F1\text{-}score$ 要高于其他工具。尽管就 E. coli-Real 而言,LROD 在 $F1\text{-}score$ 方面稍逊于 Minimap2,但它也具有良好的性能。对于秀丽隐杆线虫,LROD 的优势显而易见。

表 8-4   五组数据的重叠检测结果

数据集	Precision			Recall			$F1\text{-}score$		
	MHAP	Minimap2	LROD	MHAP	Minimap2	LROD	MHAP	Minimap2	LROD
E. coli-10	0.871 530	0.866 710	0.935 742	0.599 697	0.837 719	0.887 337	0.710 501	0.851 968	0.910 897
E. coli-20	0.859 526	0.855 612	0.924 799	0.597 539	0.827 161	0.875 323	0.704 979	0.841 146	0.899 381
chr20-10	0.685 233	0.752 122	0.933 191	0.612 678	0.829 584	0.893 309	0.646 927	0.788 956	0.912 814
E. coli_ Real	0.967 707	0.987 885	0.976 540	0.875 372	0.969 702	0.948 039	0.919 226	0.978 710	0.962 079
C. elegan_ Real	0.362 337	0.685 950	0.752 924	0.746 281	0.917 864	0.909 996	0.487 824	0.785 140	0.824 042

在模拟数据集对于 E. coli-10,E. coli-20 和 chr20-10,就精度,召回率和 $F1\text{-}score$ 而言,LROD 的结果始终是最好的。对于这三个数据集,LROD 的精度均超过 90%,尽管召回率未达到 90%,但召回率都超过了 85%,并且高于其他两个工具。LROD 的 $F1\text{-}score$ 平均值分别比 Minimap2 和 MHAP 的平均值高 5% 和 20%。LROD 的精度超过 92%,LROD 的召回率超过 87%。LROD 在准确性和召回率上都比 Minimap2 大。因此,LROD 的 $F1\text{-}score$ 分别以 0.910 897、0.899 381 和 0.912 814 领先于其他两组工具。

对于两组真实数据集,首先从表 8-4 和图 8-6 分析 E. coli_Real 和 C. elegans_Real 的重叠检测结果。对于 E. coli_Real,由于它包含少量的长读数,因此在重叠检测中比 C. elegans 稍微简单一些。LROD 和 Minimap2 在数据集 E. coli_Real 的 $F1\text{-}score$ 都大于 95%。尽管 LROD 的 $F1\text{-}score$ 不是最高,但它与 Minimap2 的得分非常接近。对于秀丽隐杆线虫,它包含大量的长读数,并且秀丽隐杆线虫的基因组很复杂。在实验结果中,MHAP 和 Minimap2 产生了很多错误的检测结果,导致精度远远落后于 LROD,而 LROD 获得了最佳精度。Minimap2 和 LROD 的召回情况都不错,因此最后 LROD 获得了最好的 $F1\text{-}score$。

8.4.3   运行时间和内存需求

最后,在五种数据集上比较了三种工具的计算需求。统计结果如表 8-5 所示。在内存中,MHAP 的消耗非常大,Minimap2 的内存消耗最少。虽然 LROD 略大于 Minimap2,但它比 MHAP 小得多。在运行时间方面,LROD 优于 MHAP。虽然 LROD 不是最快的,但是它可以使用多线程来克服这个缺点。Minimap2 惊人的运行时间和内存消耗已经引起了许多研究人员的注意,但是它的性能还有待提高。

表 8-5   运行时间和内存

数据集	MHAP		Minimap2		LROD	
	运行时间	内存/kb	运行时间	内存/kb	运行时间	内存/kb
E. coli-10	4m29.051s	39 703 612	0m45.760s	1 251 932	2m4.246s	1 491 360
E. coli-20	9m15.055s	39 971 812	2m30.383s	1 612 424	5m5.009s	2 336 864

表 8-5(续)

数据集	MHAP		Minimap2		LROD	
	运行时间	内存/kb	运行时间	内存/kb	运行时间	内存/kb
chr20-10	87m44.782s	42 748 712	125m26.584s	8 441 956	59m1.506s	11 487 150
E. coli_Real	4m14.609s	39 501 632	0m26.235s	1 129 056	1m36.582s	1 238 656
C. elegans_Real	28813m15.188s	42 156 824	1753m38.342s	25 940 928	14625m23.465s	36 708 548

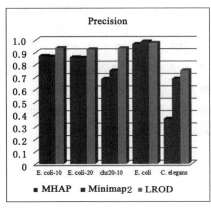

（a）精度图

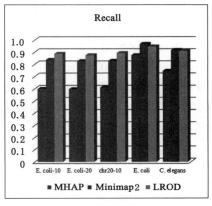

（b）召回率图

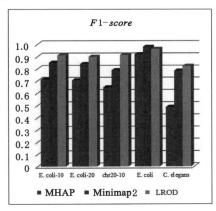

（c）$F1$-$score$ 图

图 8-6　5 组数据集在 3 种工具的精度、召回率和 $F1$-$score$

　　MHAP 是一种 MinHash 算法,用于基于 k-mer 相似度实现重叠检测。对于两条长读数,MHAP 用最小的散列函数构建固定数量的 k-mer 草图列表,然后 MHAP 找到重叠的位置。每个读取一定数量的 k-mer,因为每个读取的长度不同,读取越短,MHAP 检测越准确,因此长读取会产生较大的误差。尽管 Minimap2 在精度和 $F1$-$score$ 上并不总是最好的,但它与最佳结果并不遥远。Minimap2 巧妙地结合了其前代算法的优势,包括 DALIGNER 的 k-mer 排序过程,提高缓存效率,MHAP 的计算最小化过程以及 GraphMap 匹配种子的聚类共线链过程,Minimap2 的效果非常显著。更重要的是,通过与 MHAP 和 Minimap2 比较,也可以看到 LROD 的有效性。

在三种重叠检测算法中,Minimap2 的内存需求和运行时间是最好的。Minimap2 的效率归因于高效的排序和 SSE(流式 SIMD 扩展)指令计算方法。在 Minimap2 的重叠检测过程中,Minimap2 使用动态规划算法,并且使用了多线程和指令并行算法来提高计算效率。

8.5 本章小结

本章提出了一种名为 LROD 的重叠检测工具,该工具对于第三代测序技术产生的长读数具有良好的性能。LROD 首先选择可靠 k-mer,这样可以减少计算时间和内存需求,并且可以避免由于测序错误和重复区域而引起的一些问题。对于两个长读数,LROD 首先找到其公共的 k-mer。其次,LROD 采用两阶段策略来检测两个共同点是否一致,并搜索与候选重叠区域相对应的链。最终,LROD 开发出一种方法来进一步评估候选重叠,并确定两个长读数之间的真实重叠。关于三个模拟数据集和两个真实数据集的实验结果表明,LROD 在 Precision,Recall 和 $F1$-$score$ 方面可以获得令人满意的重叠检测结果。

9　基于 Hi-C 交互矩阵的 contig 纠错方法

由序列组装方法得到 contig 集合往往包含一些组装错误。本章通过研究了组装错误相关的理论,并深入研究已有算法里面包含的检测组装错误的部分,在此基础上提出了利用建立 Hi-C 交互矩阵的 contig 纠错方法(称为 HMSC)。经过 QUAST 客观质量评估分析说明本算法的改进效果,并在人类真实数据集上进行验证。HMSC 与其他的检测组装错误算法相比,不管是从检测组装错误的数量上还是进行下一步的组装结果上都更有优势。

9.1　引　　言

HMSC 方法首先通过 BWA 比对工具将 Hi-C 读数比对到 contig 上面,然后将 contig 划分为长度相等的子段,根据所得到的比对结果建立一个二维的 Hi-C 交互矩阵,Hi-C 交互矩阵的行列数大小是子段的数目,每一个 contig 对应一个交互矩阵;然后利用 Hi-C 读数所具有的特点统计相关特征,标记出所有可能出现组装错误的子段,并在组装错误出现的位置将 contig 断开为两条新的 contig。本章的方法是以建立一个 Hi-C 交互矩阵为基础,通过观察矩阵以及 Hi-C 读数的特点,即两个子段之间的交互作用随着距离的增加而递减的规律,在满足一定的条件下,将子段标记为组装错误子段,并在此断开 contig。本书提到的 Hi-C 交互矩阵指的是利用 contig 和 Hi-C 读数进行比对建立的一个行和列相等的对称矩阵。矩阵中的交互作用指的是矩阵中的像素,也可称交互程度和接触频率。

本书算法具体步骤如下:

(1) 数据比对,利用 BWA 将 Hi-C 读数比对到 contig 上,得到比对结果;

(2) 建立二维 Hi-C 交互矩阵并进行归一化处理;

(3) 选取合适的 contig;

(4) 根据 Hi-C 读数特点在交互矩阵中选定某个区域,计算出所选区域像素的平均值;

(5) 挑选出符合极值条件的错误区域;

(6) 在错误的位点对输入的 contig 进行断开,得到最终的 contig 文件。

9.2　纠错方法步骤

HMSC 方法利用 Hi-C 读数进行组装错误检测依赖的事实是,在一个 contig 中,错误连接在一起的序列相比较正确连接在一起的序列有较少的交互作用。这是因为正确连在一起的序列在一维空间内彼此相邻,因此在三维空间内序列之间也是相邻的,促使了 Hi-C 交互作用的形成。错误连接的序列通常不会呈现出相似的三维空间的邻近或者相似的交互作用,因为它们实际上在一维空间上也不邻近。

9.2.1 建立 Hi-C 交互矩阵

首先将 Hi-C 读数与 contig 比对。本章选用的是 BWA 工具将 Hi-C 读数比对到 contig 上面得到比对结果。本章选用的是 BWA-MEM 算法,也是推荐使用的算法,支持更长的读数,同时也更快,更准确,效果也更好。

BWA-MEM 算法将 Hi-C 读数跟 contig 文件作为输入文件进行比对,比对以后会生成一个 sam 文件,sam 文件里面详细介绍了比对的情况。Sam 文件的第一列表示的是 Hi-C 读数的编号,第二列是一个数值,表示比对的情况,第三列介绍了比对上的 contig 的序列号,第四列表示的是开始比对上的位置,第五列是比对的质量分数,第六列表示的是比对结果。有了这个文件,就可以得到 Hi-C 读数比对到 contig 的具体位置,进一步构建二维的 Hi-C 交互矩阵。

由于 sam 文件较大,如果 Hi-C 数据较多的话,后期处理的工作量会比较大,运行时间也会相应增加,所以接下来将 sam 文件转化为 bam 文件,bam 是一个二进制文件,里面也包含了读数比对的结果,bam 一般是 sam 文件大小的三分之一,所以会减少运行的时间。

但是比对的时候也会产生一些无效的读数,下一步就是保留其中有效的读数对。如果两个读数同时比对到同一个子段,则移除读数;之后对剩下的读数进行排序,并且把重复比对到同一个位置的读数删除并只保留一条读数,最终会得到一些有效的比对结果。通过这些比对结果,接下来构建一个二维的 Hi-C 交互矩阵。

先将线性 contig 划分为固定长度或"分辨率"(例如 1 Mb、25 Kb 或 1 Kb)的 N 个子段,固定长度即为矩阵分辨率 r,以碱基为度量单位。这些子段对应于交互矩阵的行和列,矩阵中的每个像素 M_{ij}(第 i 个子段和第 j 个子段)都反映了在相应的子段之间观察到的 Hi-C 读数数目,称为交互作用(接触频率或者交互程度)由于矩阵是一个对称矩阵,所以 $M_{ij} = M_{ji}$。 简单地说,N 就是 contig 的长度 L 除以交互矩阵的分辨率 r:

$$N = \frac{L}{r} \tag{9-1}$$

一般地,矩阵的子段也称为 bin。统计落入每个子段内的 Hi-C 读数数目,就可以得到切割成子段的一个交互矩阵。如果子段内有多个 Hi-C 读数出现的时候,需要计算所有的 Hi-C 读数数目之和。

接下来需要对矩阵进行归一化。由于在上面的 Hi-C 实验还有数据处理的环节中,读段长度,GC 含量,测序文库的大小或者其他未知因素等会引起不必要的系统偏差和技术偏差。为了使繁杂的 Hi-C 数据具有可比性,并且保证下一步算法的可靠性分析,有必要在二维 Hi-C 交互矩阵的步骤中执行归一化处理。

归一化方法分为显示归一化和隐式归一化两类。显示归一化方法要求系统偏差是已知的,通常使用概率模型,并且依赖于限制位点,基因组序列等附加信息才可以实现。隐式归一化方法中空间变换、局部回归和矩阵平衡等算法占据主导地位,而且主要的是可以调整的参数较少,所依赖的附加信息也比较少。代表性的隐式归一化方法有迭代校正和特征向量分解(ICE)、奈特·鲁伊斯(Knight-Ruiz,KR)、顺序分量归一化(SCN)等。本书选用的是 KR 归一化方法,它是一种快速的处理非负矩阵的矩阵平衡算法,其使用具有共轭梯度的牛顿迭代法计算缩放向量,并且通过对角缩放将非负矩阵转换为双随机矩阵,从而实现对原始交互矩阵的迭代校正。矩阵归一化以后,可以确保交互矩阵的每一行和每一列的总和为相同值。通过观察交互矩阵的特点,可以寻找出某些特征。

9.2.2　选取合适的 contig

进行 scaffolding 算法的 contig 文件一般含有几千条 contig,这些 contig 的长度也不均匀,短的可以有几万个碱基,长的可以达到上亿个碱基。通过多组实验发现,长度较长的 contig 要比长度较短的 contig 更有可能出现组装错误。所以 HMSC 方法在进行下一步计算之前,首先设置判断了一个 contig 是否进入下一个环节的条件,选取合适的 contig。

$$len_c > l \tag{9-2}$$

此处 $l = 500\ 000$。根据多组实验验证,$l = 500\ 000$ 时能够得到最优的结果。当满足条件的时候,进入下一个环节;不满足条件,则认为这条 contig 是不含有组装错误的,标记为正确的 contig。

9.2.3　检测含有组装错误的子段

在这样的一个矩阵中,可以发现一个规律,即一对子段之间的交互作用随着子段之间的一维距离的增加而趋于减少。矩阵的主对角线是每行中距离最近的两个子段。因此,子段更接近于矩阵的主对角线的交互作用要比远离对角线的交互作用更高,影响子段之间的交互作用的高低是两个子段在一维空间上是否邻近。

Hi-C 读数有两个特点,一是来自于同一个染色体两个子段的交互作用要高于来自于不同染色体两个子段的交互作用;另一个是来自于同一条染色体两个子段的交互作用会随着距离增加而递减。通过这两个规律,可以观察到二维交互矩阵中有一些本应该交互作用很高的区域但是表现出较少的交互作用或者交互作用为零。在这些呈现出异常的区域,本章统计它们的特征并将其标记出来,设为可能存在错误组装的异常区域。

由于二维 Hi-C 交互矩阵主对角线子段的交互作用要高于其他子段的交互作用,所以本章首先计算出主对角线所有子段的交互作用之和,然后再计算距离主对角线一个子段的其他子段的交互作用总和。Hi-C 交互矩阵是一个对称矩阵,所以只需要保留一个区域即可,即上三角形区域与下三角形区域计算一个距离主对角线一个子段的交互作用总和。其中 M_{ij} 是一个对角矩阵。上述所选区域的表达式为:

$$M_{ij} = \begin{bmatrix} M_{00} & M_{01} & & & & & \\ & M_{11} & M_{12} & & & & \\ & & M_{22} & M_{23} & & & \\ & & & \ddots & & \ddots & \\ & & & & M_{N-2N-2} & & M_{N-2N-1} \\ & & & & & & M_{N-1N-1} \end{bmatrix}$$

之后对 M_{ij} 的每个矩阵元素求和得:

$$S_m = \sum M_{ij} \tag{9-3}$$

接下来,本书计算了一个平均值 AVG_m,即上述公式所得到的区域的平均值。主对角线子段的数目为 N,距离主对角线一个子段的数目是 $2(N-1)$,此处只选取了上三角形区域,即 $N-1$,所以所需要子段的数目为 $N + (N-1) = 2N - 1$。AVG_m 的值即为 S_m 除以子段的数目,即

$$AVG_m = \frac{S_m}{2N - 1} \tag{9-4}$$

计算 AVG_m 的目的是判断主对角线上子段的交互作用 M_{ij} 与 AVG_m 的大小关系,筛选出异常的区域。

当满足以下条件时,就设定这些子段是可能存在错误组装的。

$$M_{ij} \leqslant AVG_m \qquad (9\text{-}5)$$

此时,$0 \leqslant i \leqslant N-1$ 并且 $i=j$。

判断这个条件依赖的事实是,因为主对角线中子段的交互作用是每行每列最高,矩阵归一化之后,矩阵的每一行的总和接近相等。如果主对角线某个子段的值较小,小于计算的 AVG_m,说明主对角线的交互作用较小,可能弱于同一行中的其他子段,就不符合交互作用从主对角线向其他子段递减的规律,那么这个子段是很可能存在组装错误的,就把这些子段初步标记为候选的错误组装位点,保存在集合 T_1 中。

9.2.4 筛选含有组装错误的子段

但由于测序深度还有一些其他的外在因素的影响,有的子段是没有组装错误的,但却表现出较少的交互作用,所以本章采用了一种极值的判断条件在此筛选候选错误组装的位点。

在一个归一化的交互矩阵中,每行的总和接近相等,交互作用总是沿着主对角线向两侧区域趋于减少。如图 9-1 展示了一个交互矩阵里面没有包含组装错误的三行。选取的是数据集 canu.35x.contig.fasta 里的 $ID=275$ 的 contig 的第 210、212、214 行,可以明显看到正确组装的子段像一个抛物线,随着子段与对角线的距离增加而交互作用随之降低,正好符合了 Hi-C 读数随着一维距离增加而交互作用递减的规律。

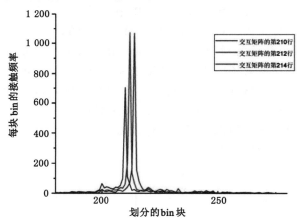

图 9-1　不含有错误的接触频率图

但是存在组装错误的子段就会呈现出异常的特点。下图 9-2 展示了一个交互矩阵里面包含组装错误的三行。同样选取的是数据集 canu.35x.contig.fasta 里的 $ID=275$ 的 contig 的第 232、234、236 行,可以明显看到包含组装错误的子段在主对角线两侧区域不仅有递减的区域,也有递增的区域,这就与 Hi-C 读数所表现出的接触频率不太一致。所以本书采用了一种计算极值的方法去挑选出这些异常的区域,标记为可能存在组装错误的位点。

接下来,先计算出一个 contig 每行极大值的数目。假设第 i 个子段的交互作用为 M_{ij},同一行右侧距离一个子段的交互作用为 M_{ii+1},同一行右侧距离两个子段的交互作用为 M_{ii+2},同理,左侧的两个子段分别为 M_{ii-1},M_{ii-2},满足以下的约束条件:

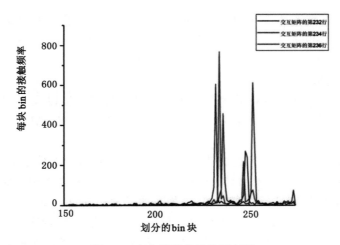

图 9-2　含有错误的接触频率图

$$\begin{cases} M_{ij} \geqslant M_{i\,i+1} \\ M_{ij} \geqslant M_{i\,i+2} \end{cases} \tag{9-6}$$

公式(9-6)判断的是子段与右侧两个子段的大小关系。

$$\begin{cases} M_{ij} \geqslant M_{i\,i-1} \\ M_{ij} \geqslant M_{i\,i-2} \end{cases} \tag{9-7}$$

公式(9-7)判断的是子段与左侧两个子段的大小关系。

当同时满足上面两个公式的时候,称第 i 个位点存在一个极大值。然后,计算每一行所含有极大值的数目 S_v,当极大值的数目满足一定的条件并且存在极大值的子段满足条件时,本书就把此子段作为可能存在组装错误的位点,保存在集合 T_2 中。判断条件如下:

$$\begin{cases} S_v \geqslant \alpha \\ M_{ij} \geqslant \beta \end{cases} \tag{9-8}$$

其中, M_{ij} 是存在极大值的点,并且是除了主对角线子段之外的子段。α 是一个设定的极大值数目阈值,此处 $\alpha = 2$,β 是存在极值的子段交互作用阈值,$\beta = 200$,小于 β 的交互作用较小,可以忽略不计。

9.2.5　确定错误子段

综上,可以得到可能存在组装错误的位点集合 T_1,T_2,集合 T_1,T_2 里面的元素可能相同也可能不同,所以 HMSC 进行了再一次的筛选,取两个集合的交集。

$$T = T_1 \bigcap T_2 \tag{9-9}$$

集合 T 即是所得到的最终的错误组装位点。

HMSC 方法的最后一步就是在原文件中断开 contig。依据上述所得到的集合 T。值得注意的是,断开的子段是两个子段的交接点,根据设定子段长度大小的不同,所要断开的子段交接点的位置也不同。

9.3　实验与结果

本小结主要内容是对本章所提出的组装错误检测方法与其他经典的检测组装错误方法

进行比较和分析，以校验本书方法的实验效果。实验选取了具有代表性的 canu. 35x. contig. fasta 和 SRR9966927＿1. fasta 和 SRR9966927＿2. fasta 的 Hi-C 数据集，通过 QUAST 工具评价，从两个方面验证本书方法的有效性。

9.3.1　错误组装的数目

目前使用较多的是 SALSA2 中利用物理覆盖度的检测方法以及 3D-DNA 算法中的手动纠正方法。由于 3D-DNA 是组装完毕后的手动纠正，这里只与 SALSA2 中物理覆盖度的方法进行比较。

如图 9-3 所示，图中不同的颜色代表着一种纠错方法的各个评价指标，从左到右依次代表的是 contig 数目、最大的比对数值、$N50$、$NA50$、$NGA50$ 和含有组装错误的数目。$N50$ 表示的是把 contig 按长度进行排序相加，当相加的长度达到总长度的 50% 的时候，此刻相加的 contig 长度即是 $N50$ 的值。图的横坐标代表的是纠错方法，依次为没有进行处理的原数据、物理覆盖度纠错方法（PC）、平均值纠错方法（Average）、极值纠错方法（Extremum）、HMSC 方法以及在 HMSC 方法挑选子段长度的二分之一切断方法。其中，平均值纠错方法与极值纠错方法所需要的组装错误位点来自于 T_1,T_2。纵坐标代表的是各个指标所得到的值。

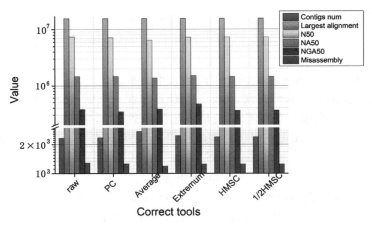

图 9-3　纠错工具的对比图

从图 9-3 可以看出，HMSC 方法 $NGA50$ 的值和含有的组装错误的数目两个指标相比较 PC 方法较好，平均值方法相比较其他组的含有组装错误的数目最少，但是得到的 contig 数目较多。极值方法的 $NA50$ 和 $NGA50$ 是所有组中最高的，但是它的 contig 数目也比较多。所以结合平均值跟极值方法的 HMSC 方法在检测组装错误的数目比 PC 方法更有优势，在下一步的 scaffolding 步骤中可能也会表现出更好的结果。

如图 9-4 所示，是使用另一种方式展示结果。图中不同的颜色分别代表不同的组装错误检测方法，图的横坐标表示的是评价纠错工具的指标，纵坐标表示的是各个指标的值。从图 9-4 中可以看出，每一种方法的最大的比对是相同的。平均值方法所断开得到的 contig 数目最多，而且 $N50$ 最低，所含有的组装错误的数目也最少。极值方法的 $NA50$、$NGA50$ 是最高的，断开得到的 contig 数目也比 HMSC 要多。而 HMSC 方法在 $N50$、$NGA50$ 和含有组装错误数目的指标上都比 PC 方法的结果较好，在得到的 contig 数目比平均值方法与

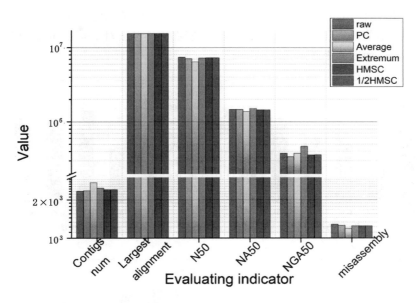

图 9-4　纠错工具的对比图

极值方法都少,说明此方法在检测组装错误的方面更具有优势。

实验结果如表 9-1 所示。$NGA50$ 指的是纠错后的 $NG50$,$NA50$ 是纠错后的 $N50$,这两个是评价纠错工具的重要指标。从表 9-1 中可以明显地看出 HMSC 方法比 PC 方法的 $NGA50$ 要高,这表明在下一步的 scaffolding 步骤可能会生成更好的结果。而且 HMSC 方法断开 contig 文件之后存在的组装错误的数目也在降低,$N50$、$NA50$ 的数值也高于 PC 方法的结果。所以验证了 HMSC 方法在纠正组装错误方面的效果较好。只利用极值的方法虽然在 $NA50$、$NGA50$ 的值较好,平均值的方法含有组装错误的数目较低,但是它们断开之后的 contig 数目较多,不利于下一步的 scaffolding 步骤生成连续的序列,所以本书选用的是 HMSC 方法进行组装。

表 9-1　纠错工具的结果对比

Spcies	Correct tool	contig num	Largest alignment	$N50$	$NA50$	$NGA50$	Misassembly
Canu. 35x. contig. fasta	raw	2 337	15 443 910	7 409 318	1 463 618	375 448	1 282
	PC	2 361	15 443 910	7 110 192	1 463 618	340 110	1 254
	Average	2 734	15 443 910	6 420 988	1 370 624	376 687	1 191
	Extremum	2 472	15 443 910	7 208 833	1 504 462	466 274	1 247
	HMSC	2 405	15 443 910	7 278 878	1 447 291	357 669	1 248
	HMSC/2	2 405	15 443 910	7 278 878	1 444 540	358 735	1 247

9.3.2　对 scaffolding 算法的影响

本书所提出的组装错误检测方法主要目的是为了下一步的 scaffolding 算法生成更连

续的 scaffold。所以使用了组装错误检测方法之后能够生成更完整的序列,也是一种很重要的评价指标。本小节对比了使用本书方法和未使用本书方法对 scaffolding 算法的影响结果(具体对比情况,如图 9-5 所示)。

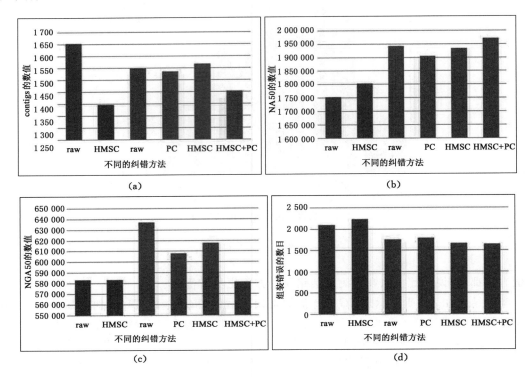

图 9-5 对 scaffolding 工具的影响

如图 9-5 所示,图中绿色和橙色分别代表 scaffolding 工具 LACHESIS 和 SALSA2。横坐标表示的利用不同的方法处理的数据集,之后选择不同的组装工具,纵坐标表示的是 scaffolding 组装之后的结果。图 9-5(a)、图 9-5(b)、图 9-5(c)和图 9-5(d)分别表示 contig 数目、$NA50$、$NGA50$ 和含有组装错误的数目。在 LACHESIS 工具中,很明显地看到利用 HMSC 方法处理之后的数据集进行组装与未处理的数据集进行组装相比 contig 的数目减少了,说明组装更连续,而且 $N50$、$NA50$ 的值都高,也说明了组装的结果较好。在组装工具 SALSA2 中,利用 HMSC 方法组装之后的结果在含有组装错误的数目相比较未进行处理的数据集和 PC 方法进行组装的结果都要好。所以,在下一步的 scaffolding 步骤中,也验证了 HMSC 能够得到更好的组装结果。

从表 9-2 中可以明显地看出利用 HMSC 方法进行的组装比 PC 方法进行的组装在 $NA50$、$NGA50$ 和含有组装错误的数目的指标上结果都要好,这表明 HMSC 对于下一步的 scaffolding 步骤会生成更好的结果,所以验证了 HMSC 方法在纠正组装错误方面具有更好的效果。

表 9-2　不同纠错工具的组装结果

Scaffolding tool	Correct tool	contig num	$N50$	$NA50$	$NGA50$	Misassembly
LACHESIS	raw	1 653	63 751 868	1 753 472	583 125	2 097
	HMSC	1 396	170 127 849	1 802 911	583 120	2 230
SALSA2	raw	1 548	27 575 574	1 941 856	636 942	1 760
	PC	1 535	30 661 193	1 904 903	607 864	1 789
	HMSC	1 568	31 943 061	1 933 452	617 573	1 669
	HMSC+ PC	1 453	53 921 899	1 971 366	581 030	1 651

9.4　复杂度分析

　　HMSC 方法得到错误子段集合的伪代码如表 9-3 所示。HMSC 方法首先从矩阵文件中提取矩阵,所需要的时间复杂度为 $O(n)$,n 是 contig 的数目。计算 S_m 的时间复杂度为 $O(m+n)$,m 是主对角线中子段的数目,n 是矩阵上三角区域相隔主对角线一个子段的数目。计算 AVG_m 的时间复杂度为 $O(1)$。求集合 T_1 的时间复杂度为 $O(n)$,n 是矩阵主对角线子段的数目。求集合 T_2 的时间复杂度为 $O(n^2)$,n 是矩阵的行数。在原文件中找寻错误位点所在位置的时间复杂度为 $O(a)$,a 指的是 contig 的长度。所以 HMSC 方法的时间复杂度为 $O(n^2)$。

表 9-3　错误子段检测伪代码

输入:一个二维的交互矩阵
　　输出:错误子段集合 T

```
//计算主对角线的子段像素的总和
    for i to len_c:
    sum_diagnal = sum_diagnal + array[i][i]
    //计算像素之和
    for i to lenmatrix－1:
    up_diagnal = up_diagnal + array[i-1][i]
    //计算所选区域的平均值
    AVGm = (sum_diagnal + up_diagnal) / (2array_len － 1)
    //判断条件,不满足保存在集合 T1
    if len_c> l and array[key][key] < AVGm:
      T1 = List1. append(key)
    //求矩阵中的极大值点 point(m,n)
    For i to len_c:
    For j to len_c:
    point(m,n)=Extremum(array[i][j])
    if m! =n and array[m][n]>s:
    T2 = List2. append(m,n)
    //求 list1,list2 的交集 T
    T=deal_list(list1, list2)
```

9.5 本 章 小 结

本章主要介绍了一种利用二维 Hi-C 交互矩阵纠正 contig 包含的组装错误方法 HM-SC。该方法利用 Hi-C 读数比对到 contig 上所得到的比对结果,然后建立二维 Hi-C 交互矩阵,通过观察交互矩阵的特征,标记出可能存在组装错误的位点,最后断开原文件。本书方法可以自己调整关于子段长度大小的参数,以及各个参数的值,与其他方法进行实验对比,结果表明,本章所提出的方法 HMSC 不仅能够减少 contig 中包含的组装错误,而且也有利于下一步的 scaffolding 算法生成更长更连续的组装结果。

10　基于 Hi-C 读数的 scaffolding 方法

Scaffolding 方法可以确定 contig 之间的方向和顺序,生成 scaffold,使组装结果更加连续和完整。Hi-C 读数是测序在三维空间上紧邻的基因组序列。如果两个 contig 在线性基因组上是相邻的,那么它们在三维空间上是相邻的可能性也较大。所以,当把 Hi-C 读数比对到 contig 上后,如果能够连接两个 contig 的双端 Hi-C 读数个数越多,则它们是相邻的可能性也就越大。因此,如何利用双端 Hi-C 读数的比对特征分析 contig 之间方向和顺序关系,开发高效的 scaffolding 方法具有重要的意义。本章提出了一种基于 Hi-C 读数的 scaffolding 方法 HICS。

10.1　引　　言

HICS 利用两个 contig 之间比对上的 Hi-C 读数分析它们之间方向和顺序关系,并通过构建更加准确的 scaffold 图获取最终的 scaffolding 结果。① 为了更准确地构建 scaffold 图,HICS 不仅考虑两个 contig 之间比对上的 Hi-C 读数的个数,同时也考虑 contig 的长度。因为,当 contig 更长时,则它在三维空间上和其他 contig 接触的可能性也越大,因此能够连接它的 Hi-C 读数也就更多。反之,如果一个 contig 更短,则它在三维空间上和其他 contig 接触的可能性也越小,因此能够连接它的 Hi-C 读数也就更少。因此,在设计两个 contig 之间的权重时,不仅要考虑它们之间的连接个数,同时也要考虑它们之间的长度。这样,才能设计出更加准确合理的判定方法,进而确定两个 contig 之间是否加边以及权重的设计方法。② 由于基因组的复杂性和重复区等问题的存在,构建好的 scaffold 图中,不可避免地存在一些错误的边。因此为了检测和消除 scaffold 图中可能错误的边,HICS 采用线性规划的方法,对 scaffold 图中的方向和顺序关系进行设定优化目标和约束条件,进而检测造成冲突的边,并删除这些边,使 scaffold 图能够更加准确。

10.2　基于 Hi-C 读数的 scaffolding 方法

10.2.1　contig 集合纠错

HICS 以 contig 集合和 Hi-C 读数集合为输入数据。由于组装错误的存在,contig 集合往往包含一些错误,这对后续的 scaffolding 造成了很大的影响,因此 HICS 首先对 contig 集合进行组装错误检测。HICS 利用上一章提出的 contig 纠错方法,对 contig 集合检测,对发现的组装错误,则在其位置处把 contig 断开。最终生成一个纠错后 contig 集合。在 HICS 中,也可以用其他独立的组装错误检测方法进行纠错。

10.2.2　预处理

当获得纠错后的 contig 集合后,HICS 利用 BWA-MEM 方法把 Hi-C 读数比对到 contig 集合上,获得初始的比对结果。由于重复区和测序错误等问题的存在,一条读数可能会比对到多个不同的位置,这往往会给后续的分析带来问题。因此,HICS 针对一个读数,只保留比对质量最高的比对信息。如果一对 Hi-C 读数同时比对到同一个 contig 上,这样的比对信息无法提供任何两个 contig 之间的连接信息,因此,HICS 只保留能够分别比对到两个不同 contig 的 Hi-C 读数比对信息。

10.2.3　scaffold 图的构建

在 scaffold 图中,每一个 contig 对应一个节点,一条边代表两个 contig 之间是紧邻的。因此,在构建 scaffold 时,关键是判断两个 contig 之间是否应该加边以及确定它们之间的权重。对于两个 contig:C_i 和 C_j,HICS 首先从比对文件中获得连接它们的 Hi-C 读数的个数 m_{ij},以及它们的长度 len_i 和 len_j。接着,HICS 利用下面的公式,计算它们之间的权重。

$$w_{ij} = MIN\left(\frac{m_{ij}}{len_i}, \frac{m_{ij}}{len_j}\right) \tag{10-1}$$

为了判断 C_i 和 C_j 之间的方向关系,HICS 首先确定四个区间,即这两个 contig 的首尾两端。然后只对这四个区间的 Hi-C 读数连接信息进行分析。针对 C_i,HICS 利用下面公式获得一个长度 $region_i$。其中 p 默认等于 100 000,n 默认等于 3。

$$region_i = MIN\left(p, \frac{len_i}{n}\right) \tag{10-2}$$

接着,只保留分析 C_i 的 $[0, region_i)$ 和 $[len_i - region_i, len_i)$ 两个区间。同理,只保留分析 C_j 的 $[0, region_j)$ 和 $[len_j - region_j, len_j)$ 两个区间。针对这四个区间,可以把连接类型分为四种情况。如图 10-1 所示,(a) 和 (d) 两种类型意味着 C_i 和 C_j 在同一个方向上,而 (b) 和 (c) 两种类型,意味着 C_i 和 C_j 不在同一个方向上。针对 C_i 和 C_j,HICS 获得四种连接类型分别对应的连接数目,然后只保留连接数据最大的类型,其他类型的连接信息全部不考虑。这样,HICS 就可以确定 C_i 和 C_j 之间的方向关系。

如图 10-1 表示的是两个 contig 之间的方向关系。两个 contig:C_i 和 C_j 和对应的连接区间。在图 10-1(a) 中,C_i 的尾端和 C_j 的首端相连,说明它们之间是在同一个方向上。在图 10-1(b) 中,C_i 的首端和 C_j 的首端相连,说明它们之间是不在同一个方向上。在图 10-1(c) 中,C_i 的尾端和 C_j 的尾端相连,说明它们之间是不在同一个方向上。在图 10-1(d) 中,C_i 的首端和 C_j 的尾端相连,说明它们之间是在同一个方向上。

当分析完任何两个 contig 之间的权重和类型信息后,HICS 可以构建一个 scaffold 图。如果两个 contig 的权重大于或者等于阈值 p,并且其对应的连接类型数目大于阈值 q,则在两个 contig 之间添加一条边。p, q 的数值由用户确定。

当处理完所有的 contig 后,则构建了一个带权重的 scaffold 图。

10.2.4　scaffold 图中的方向冲突检测和消除

由于在 scaffold 图中,每条边都约束了对应两个 contig 之间的方向关系。但是,由于重复区和测序错误等问题的存在,scaffold 图中仍然可能存在一些错误的边。比如,有三个 contig:A, B, C,A 和 B 之间的边规定为 A 和 B 不在同一个方向上,B 和 C 之间的边规定为 B 和 C 在同一个方向上,而 A 和 C 之间的边规定 A 和 C 在同一个方向上。这时,就存在方向冲突,因为前两条边都规定了 A 和 C 不在同一个方向上,但是 A 和 C 之间的边又规定了它们在同一个方向上。因此,需要检测这些造成 scaffold 中存在冲突的边,并删除掉一些

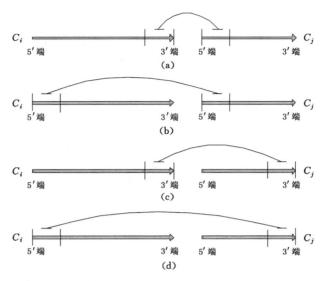

图 10-1   两个 contig 之间的方向关系图

权重最小的边,进而使 scaffold 更加准确。本方法利用整数线性规划设定优化目标和约束条件,进而优化 scaffold 图。

接着采用第 5 章中的线性规划方法检测并消除方向冲突。

10.2.5   scaffold 图中的位置冲突检测和消除

在 scaffold 图中,每条边不仅规定了它们之间的方向关系,同时也规定了一个 contig 的首端和尾端和另一个 contig 的首端和尾端的连接类型。连接类型也规定了它们之间的方向关系。HICS 通过给每个 contig 分配一个坐标,使它们尽量符合边规定的先后顺序关系。

接着采用第 5 章中的线性规划方法检测并消除位置冲突。

10.2.6   生成 scaffold

经过上述步骤的处理后,本方法得到一个更加准确的 scaffold 图。接着 HICS 会在该 scaffold 图中抽取相应的路径,其中每条路径对应一条 scaffold。首先,HICS 选择长度最长的 contig 为起点,在 scaffold 中确定其后续节点和前驱节点。如果一个节点有多个后续节点和其相连,则 HICS 选择权重最大的节点作为其后续节点,然后接着继续判断其后续节点,直到无后续节点为止。接着用同样的方法判断其前驱节点。这样最终可以抽取出一条路径对应一个 scaffold。

如图 10-2 是一个 scaffold 形成的示例图。图 10-2(a)表示一个 scaffold 图,每个节点代表一个 contig,边上的数值为其权重。图 10-2(b)首先选择最长的节点 C,然后向后扩展其后续节点,当有多个后续节点时,选择权重最大的节点作为其后续节点,形成一条路径 CHKDE。然后从 C 出发选择其前继节点,形成一条路径 $AFBC$。图 10-2(c)把上一个步骤形成的两个路径合并,形成新的 scaffold:$AFBCHKDE$。

然后,在剩余的 contig 中选择长度最长的 contig 作为起始节点,继续从 scaffold 图中抽取路径。当处理完所有的 contig 后,则生成一个 scaffold 集合作为最终结果进行输出。

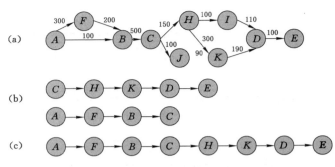

图 10-2　scaffold 形成示例图

10.3　实验与结果

为了验证本方法的有效性,本方法在人类的真实测序数据上进行了测试,并和目前流行的其他两种方法进行比较分析。其中 contig 集合是由 CANU 组装工具组装形成,Hi-C 数据集仍然用 SRR6675927_1. fastq 和 SRR6675927_2. fastq 进行 scaffolding。最终的评价结果由 QUAST 进行评价。

如图 10-3 所示,图中绿色、橙色和蓝色分别代表 scaffolding 工具 LACHESIS、SALSA2 和 HICS。横坐标表示的利用不同的纠错方法处理的数据集,之后选择的不同的组装工具,纵坐标表示的是 scaffolding 组装之后的结果。图 10-3(a)、图 10-3(b)、图 10-3(c)和图 10-3(d)分别表示 contig 的数目、$NA50$、$NGA50$ 和含有组装错误的数目。在图中可以明显的看出,HICS 组装之后的 $NA50$ 和 $NGA50$ 是所有组中最高的,而 $NA50$ 和 $NGA50$ 是评价组装工具的一个重要指标。因此,说明了 HICS 在组装方面得到的结果较好。

实验结果如下表 10-1 所示。从表中可以明显地看出利用 HMSC 方法处理的 HICS 工具在 $NA50$、$NGA50$ 指标上的表现比利用 HMSC 方法的组装工具 LACHESIS 和 SALSA2 的结果都要好,即说明了 HICS 方法在组装方面表现出更好的效果。

表 10-1　scaffolding 工具的结果

Scaffolding tool	Correct tool	contig num	$N50$	$NA50$	$NGA50$	Misassembly
LACHESIS	raw	1 653	63 751 868	1 753 472	583 125	2 097
	HMSC	1 396	170 127 849	1 802 911	583 120	2 230
SALSA2	raw	1 548	27 575 574	1 941 856	636 942	1 760
	PC	1 535	30 661 193	1 904 903	607 864	1 789
	HMSC	1 568	31 943 061	1 933 452	617 573	1 669
	HMSC+ PC	1 453	53 921 899	1 971 366	581 030	1 651
HICS	HMSC	1 708	40 458 239	2 045 309	850 534	1 769

在构建 scaffold 图时,时间复杂度为 $O(m+n)$,其中 m 是 Hi-C 读数的数目,n 是 contig 的数目。在进行图的优化时,时间复杂度为 $O(t^2)$,t 指的是图中边的数目。

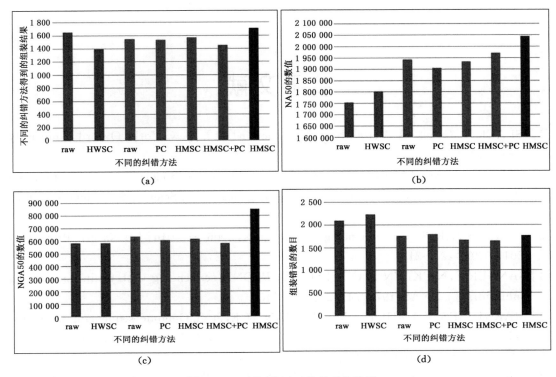

图 10-3 scaffolding 工具的对比结果

10.4 本 章 小 结

本章提出了一种基于 Hi-C 读数的 scaffolding 方法 HICS。HICS 在构建 scaffold 图时,不仅考虑了能够连接两个 contig 之间的双端 Hi-C 读数的数目,同时考虑 contig 的长度。在确定两个 contig 之间的连接类型时,HICS 首先确定四个区间,根据四个区间之间的连接关系最终确定其类型。为了更好的消除 scaffold 图中可能存在的错误边,HICS 利用整数线性规划方法确定约束条件和优化目标,最终构建更加准确的 scaffold 图。最终,从 scaffold 图中确定路径,及 scaffold 集合。实验结果表明,HICS 能够产生更加准确的 scaffolding 结果。

参 考 文 献

[1] SLACK J. Genes:A Very Short Introduction[M]. New York:Oxford University Press,2014.

[2] GERICKE N M,HAGBERG M. Definition of historical models of gene function and their relation to students' understanding of genetics[J]. Science & Education,2007, 16(7/8):849-881.

[3] MARDIS E R. DNA sequencing technologies:2006 – 2016[J]. Nature Protocols, 2017,12(2):213-218.

[4] SANGER F,NICKLEN S,COULSON A R. DNA sequencing with chain-terminating inhibitors[J]. PNAS,1977,74(12):5463-5467.

[5] MARGULIES M,EGHOLM M,ALTMAN W E,et al. Genome sequencing in micro-fabricated high-density picolitre reactors[J]. Nature,2005,437(7057):376-380.

[6]454 sequencing,[EB/OL]. http://www. 454. com

[7] FEDURCO M,ROMIEU A,WILLIAMS S,et al. BTA,a novel reagent for DNA at-tachment on glass and efficient generation of solid-phase amplified DNA colonies[J]. Nucleic Acids Research,2006,34(3):e22.

[8] TURCATTI G,ROMIEU A,FEDURCO M,et al. A new class of cleavable fluorescent nucleotides:synthesis and optimization as reversible terminators for DNA sequencing by synthesis[J]. Nucleic Acids Research,2008,36(4):e25.

[9] Illumina sequencing[EB/OL]. http://www. solexa. com.

[10] SHENDURE J,PORRECA G J,REPPAS N B,et al. Accurate multiplex polony se-quencing of an evolved bacterial genome[J]. Science,2005,309(5741):1728-1732.

[11] Solid sequencing[EB/OL]. http://www. appliedbiosystems. com. cn/.

[12] KORLACH J,BJORNSON K P,CHAUDHURI B P,et al. Real-time DNA sequen-cing from single polymerase molecules[J]. Methods in Enzymology, 2010, 472: 431-455.

[13] RHOADS A,AU K F. PacBio sequencing and its applications[J]. Genomics,Pro-teomics & Bioinformatics,2015,13(5):278-289.

[14] CHERF G M,LIEBERMAN K R,RASHID H,et al. Automated forward and reverse ratcheting of DNA in a nanopore at 5-Å precision[J]. Nature Biotechnology,2012,30 (4):344-348.

[15] EISENSTEIN M. Oxford Nanopore announcement sets sequencing sector abuzz[J]. Nature Biotechnology,2012,30(4):295-296.

[16] VOELKERDING K V,DAMES S A,DURTSCHI J D. Next-generation sequencing:

from basic research to diagnostics[J]. Clinical Chemistry,2009,55(4):641-658.

[17] NIEDRINGHAUS T P,MILANOVA D,KERBY M B,et al. Landscape of next-generation sequencing technologies[J]. Analytical Chemistry,2011,83(12):4327-4341.

[18] HARISMENDY O,NG P C,STRAUSBERG R L,et al. Evaluation of next generation sequencing platforms for population targeted sequencing studies[J]. Genome Biology,2009,10(3):R32.

[19] KOBOLDT D C,ZHANG Q Y,LARSON D E,et al. VarScan 2:somatic mutation and copy number alteration discovery in cancer by exome sequencing[J]. Genome Research,2012,22(3):568-576.

[20] LI H,RUAN J,DURBIN R. Mapping short DNA sequencing reads and calling variants using mapping quality scores[J]. Genome Research,2008,18(11):1851-1858.

[21] LI R Q,LI Y R,FANG X D,et al. SNP detection for massively parallel whole-genome resequencing[J]. Genome Research,2009,19(6):1124-1132.

[22] RAUSCH T,ZICHNER T,SCHLATTL A,et al. DELLY:structural variant discovery by integrated paired-end and split-read analysis[J]. Bioinformatics (Oxford,England),2012,28(18):i333-i339.

[23] MARSCHALL T,COSTA I G,CANZAR S,et al. CLEVER:clique-enumerating variant finder[J]. Bioinformatics,2012,28(22):2875-2882.

[24] GILLET-MARKOWSKA A,RICHARD H,FISCHER G,et al. Ulysses:accurate detection of low-frequency structural variations in large insert-size sequencing libraries [J]. Bioinformatics,2014,31(6):801-808.

[25] WANG J M,MULLIGHAN C G,EASTON J,et al. CREST maps somatic structural variation in cancer genomes with base-pair resolution[J]. Nature Methods,2011,8(8):652-654.

[26] SUZUKI S,YASUDA T,SHIRAISHI Y,et al. ClipCrop:a tool for detecting structural variations with single-base resolution using soft-clipping information[J]. BMC Bioinformatics,2011,12(S14):S7.

[27] JIANG Y,WANG Y D,BRUDNO M. PRISM:Pair-read informed split-read mapping for base-pair level detection of insertion,deletion and structural variants[J]. Bioinformatics,2012,28(20):2576-2583.

[28] HAJIRASOULIHA I,HORMOZDIARI F,ALKAN C,et al. Detection and characterization of novel sequence insertions using paired-end next-generation sequencing[J]. Bioinformatics,2010,26(10):1277-1283.

[29] MOHIYUDDIN M,MU J C,LI J,et al. MetaSV:an accurate and integrative structural-variant caller for next generation sequencing[J]. Bioinformatics,2015,31(16):2741-2744.

[30] WONG K,KEANE T M,STALKER J,et al. Enhanced structural variant and breakpoint detection using SVMerge by integration of multiple detection methods and local assembly[J]. Genome Biology,2010,11(12):R128.

[31] LI S T,LI R Q,LI H,et al. SOAPindel:efficient identification of indels from short paired reads[J]. Genome Research,2013,23(1):195-200.

[32] CHEN K,WALLIS J W,MCLELLAN M D,et al. BreakDancer:an algorithm for high-resolution mapping of genomic structural variation[J]. Nature Methods,2009,6 (9):677-681.

[33] BARTENHAGEN C,DUGAS M. Robust and exact structural variation detection with paired-end and soft-clipped alignments:SoftSV compared with eight algorithms [J]. Briefings in Bioinformatics,2015,17(1):51-62.

[34] TRAPNELL C,WILLIAMS B A,PERTEA G,et al. Transcript assembly and quantification by RNA-Seq reveals unannotated transcripts and isoform switching during cell differentiation[J]. Nature Biotechnology,2010,28(5):511-515.

[35] SCHULZ M H,ZERBINO D R,VINGRON M,et al. Oases:robust de novo RNA-seq assembly across the dynamic range of expression levels[J]. Bioinformatics,2012,28 (8):1086-1092.

[36] PENG Y,LEUNG H C M,YIU S M,et al. IDBA-tran:a more robust de novo de Bruijn graph assembler for transcriptomes with uneven expression levels[J]. Bioinformatics,2013,29(13):i326-i334.

[37] CHANG Z,LI G J,LIU J T,et al. Bridger:a new framework for de novo transcriptome assembly using RNA-seq data[J]. Genome Biology,2015,16(1):30.

[38] GRABHERR M G,HAAS B J,YASSOUR M,et al. Full-length transcriptome assembly from RNA-Seq data without a reference genome[J]. Nature Biotechnology,2011, 29(7):644-652.

[39] HELMY M,SUGIYAMA N,TOMITA M,et al. Mass spectrum sequential subtraction speeds up searching large peptide MS/MS spectra datasets against large nucleotide databases for proteogenomics[J]. Genes to Cells,2012,17(8):633-644.

[40] ZHOU X G,REN L F,MENG Q S,et al. The next-generation sequencing technology and application[J]. Protein & Cell,2010,1(6):520-536.

[41] HELMY M, TOMITA M, ISHIHAMA Y. Peptide identification by searching large-scale tandem mass spectra against large databases: bioinformatics methods in proteogenomics[J]. Genes, Genomes and Genomics, 2012, 6: 76-85.

[42] VAN DIJK E L,AUGER H,JASZCZYSZYN Y,et al. Ten years of next-generation sequencing technology[J]. Trends in Genetics,2014,30(9):418-426.

[43] MILLER J R,KOREN S,SUTTON G. Assembly algorithms for next-generation sequencing data[J]. Genomics,2010,95(6):315-327.

[44] COMPEAU P E C,PEVZNER P A,TESLER G. How to apply de Bruijn graphs to genome assembly[J]. Nature Biotechnology,2011,29(11):987-991.

[45] NAGARAJAN N,POP M. Sequence assembly demystified[J]. Nature Reviews Genetics,2013,14(3):157-167.

[46] GENOMES PROJECT CONSORTIUM 1 0 0 0,ABECASIS G R,AUTON A,et al.

An integrated map of genetic variation from 1,092 human genomes[J]. Nature,2012, 491(7422):56-65.

[47] GENOMES PROJECT CONSORTIUM 1 0 0 0,ABECASIS G R,ALTSHULER D, et al. A map of human genome variation from population-scale sequencing[J]. Nature,2010,467(7319):1061-1073.

[48] PENDLETON M,SEBRA R,PANG A W C,et al. Assembly and diploid architecture of an individual human genome via single-molecule technologies[J]. Nature Methods, 2015,12(8):780-786.

[49] CHAISSON M J P,WILSON R K,EICHLER E E. Genetic variation and the de novo assembly of human genomes[J]. Nature Reviews Genetics,2015,16(11):627-640.

[50] MOTAHARI A S,BRESLER G,TSE D N C. Information theory of DNA shotgun sequencing[J]. IEEE Transactions on Information Theory,2013,59(10):6273-6289.

[51] TREANGEN T J,SALZBERG S L. Repetitive DNA and next-generation sequencing: computational challenges and solutions[J]. Nature Reviews Genetics,2011,13(1):36-46.

[52] BRESLER M,SHEEHAN S,CHAN A H,et al. Telescoper:de novo assembly of highly repetitive regions[J]. Bioinformatics,2012,28(18):i311-i317.

[53] PENG Y,LEUNG H C M,YIU S M,et al. IDBA-UD:a de novo assembler for single-cell and metagenomic sequencing data with highly uneven depth[J]. Bioinformatics (Oxford,England),2012,28(11):1420-1428.

[54] SCHULZ M H,ZERBINO D R,VINGRON M,et al. Oases:robust de novo RNA-seq assembly across the dynamic range of expression levels[J]. Bioinformatics,2012,28 (8):1086-1092.

[55] SHI W Y,JI P F,ZHAO F Q. The combination of direct and paired link graphs can boost repetitive genome assembly[J]. Nucleic Acids Research,2016,45(6):e43.

[56] 林勇. 面向下一代测序技术的 de novo 序列拼接工具综述[J]. 小型微型计算机系统, 2013,34(3):627-631.

[57] 郭佳,杨云麟. 针对短测序片段的基因序列拼接算法[J]. 计算机工程与设计,2012,33 (5):1832-1836.

[58] LAEHNEMANN D,BORKHARDT A,MCHARDY A C. Denoising DNA deep sequencing data—high-throughput sequencing errors and their correction[J]. Briefings in Bioinformatics,2015,17(1):154-179.

[59] LIU L,LI Y H,LI S L,et al. Comparison of next-generation sequencing systems[J]. Journal of Biomedicine and Biotechnology,2012,2012:251364.

[60] MARDIS E R. Next-generation DNA sequencing methods[J]. Annual Review of Genomics and Human Genetics,2008,9:387-402.

[61] SCHIRMER M,IJAZ U Z,D'AMORE R,et al. Insight into biases and sequencing errors for amplicon sequencing with the Illumina MiSeq platform[J]. Nucleic Acids Research,2015,43(6):e37.

［62］ ALIC A S,RUZAFA D,DOPAZO J,et al. Objective review ofde novostand-alone er- ror correction methods for NGS data[J]. Wiley Interdisciplinary Reviews:Computa- tional Molecular Science,2016,6(2):111-146.

［63］ 徐魁,陈科,徐君,等. CGDNA:基于簇图的基因组序列集成拼接算法[J]. 计算机科学, 2015,42(9):235-239.

［64］ XIE C,TAMMI M T. CNV-seq,a new method to detect copy number variation using high-throughput sequencing[J]. BMC Bioinformatics,2009,10:80.

［65］ MEDVEDEV P,FIUME M,DZAMBA M,et al. Detecting copy number variation with mated short reads[J]. Genome Research,2010,20(11):1613-1622.

［66］ AIRD D,ROSS M G,CHEN W S,et al. Analyzing and minimizing PCR amplification bias in Illumina sequencing libraries[J]. Genome Biology,2011,12(2):R18.

［67］ OYOLA S O,OTTO T D,GU Y,et al. Optimizing Illumina next-generation sequen- cing library preparation for extremely AT-biased genomes[J]. BMC Genomics,2012, 13:1.

［68］ ROSS M G,RUSS C,COSTELLO M,et al. Characterizing and measuring bias in se- quence data[J]. Genome Biology,2013,14(5):R51.

［69］ CHEN Y C,LIU T,YU C H,et al. Effects of GC bias in next-generation-sequencing data on de novo genome assembly[J]. PLoS One,2013,8(4):e62856.

［70］ SIMS D,SUDBERY I,ILOTT N E,et al. Sequencing depth and coverage:key consid- erations in genomic analyses[J]. Nature Reviews Genetics,2014,15(2):121-132.

［71］ CONWAY T C,BROMAGE A J. Succinct data structures for assembling large ge- nomes[J]. Bioinformatics,2011,27(4):479-486.

［72］ GOSWAMI S,DAS A K,PŁATANIA R,et al. Lazer:Distributed memory-efficient assembly of large-scale genomes[C]//2016 IEEE International Conference on Big Da- ta (Big Data). December 5-8,2016,Washington,DC,USA. IEEE,2016:1171-1181.

［73］ YANG X,DORMAN K S,ALURU S. Reptile:representative tiling for short read er- ror correction[J]. Bioinformatics,2010,26(20):2526-2533.

［74］ ZHAO X H,PALMER L E,BOLANOS R,et al. EDAR:an efficient error detection and removal algorithm for next generation sequencing data[J]. Journal of Computa- tional Biology:a Journal of Computational Molecular Cell Biology,2010,17(11): 1549-1560.

［75］ MEDVEDEV P,SCOTT E,KAKARADOV B,et al. Error correction of high- throughput sequencing datasets with non-uniform coverage[J]. Bioinformatics (Ox- ford,England),2011,27(13):i137-i141.

［76］ YANG X,ALURU S,DORMAN K S. Repeat-aware modeling and correction of short read errors[J]. BMC Bioinformatics,2011,12(Suppl 1):S52.

［77］ NIKOLENKO S I,KOROBEYNIKOV A I,ALEKSEYEV M A. BayesHammer: Bayesian clustering for error correction in single-cell sequencing[J]. BMC Genomics, 2013,14(Suppl 1):S7.

［78］ILIE L,MOLNAR M. RACER:Rapid and accurate correction of errors in reads[J]. Bioinformatics,2013,29(19):2490-2493.

［79］SONG L,FLOREA L,LANGMEAD B. Lighter:fast and memory-efficient sequencing error correction without counting[J]. Genome Biology,2014,15(11):509.

［80］LIM E C,MÜLLER J,HAGMANN J,et al. Trowel:a fast and accurate error correction module for Illumina sequencing reads[J]. Bioinformatics, 2014, 30 (22): 3264-3265.

［81］HEO Y,WU X L,CHEN D M,et al. BLESS:bloom filter-based error correction solution for high-throughput sequencing reads[J]. Bioinformatics (Oxford, England), 2014,30(10):1354-1362.

［82］GREENFIELD P,DUESING K,PAPANICOLAOU A,et al. Blue:correcting sequencing errors using consensus and context[J]. Bioinformatics,2014,30(19):2723-2732.

［83］LI H. Correcting Illumina sequencing errors for human data[EB/OL]. 2015:arXiv: 1502. 03744[q-bio. GN]. https://arxiv. org/abs/1502. 03744

［84］DUMA D,CORDERO F,BECCUTI M,et al. Scrible:ultra-accurate error-correction of pooled sequenced reads[C]//Algorithms in Bioinformatics,2015: 162-17.

［85］SHEIKHIZADEH S,DE RIDDER D. ACE:accurate correction of errors using K-mer tries[J]. Bioinformatics,2015,31(19):3216-3218.

［86］MARINIER E,BROWN D G,MCCONKEY B J. Pollux:platform independent error correction of single and mixed genomes[J]. BMC Bioinformatics,2015,16(1):10.

［87］SALMELA L. Correction of sequencing errors in a mixed set of reads[J]. Bioinformatics,2010,26(10):1284-1290.

［88］ZHAO Z H,YIN J P,ZHAN Y B,et al. PSAEC:an improved algorithm for short read error correction using partial suffix arrays[C]//Frontiers in Algorithmics and Algorithmic Aspects in Information and Management,2011: 220 - 232.

［89］KAO W C,CHAN A H,SONG Y S. ECHO:a reference-free short-read error correction algorithm[J]. Genome Research,2011,21(7):1181-1192.

［90］CHUNG W C,CHANG Y J,LEE D T,et al. Using geometric structures to improve the error correction algorithm of high-throughput sequencing data on MapReduce framework[C]//2014 IEEE International Conference on Big Data (Big Data). October 27-30,2014,Washington,DC,USA. IEEE,2014:784-789.

［91］ALLAM A,KALNIS P,SOLOVYEV V. Karect:accurate correction of substitution, insertion and deletion errors for next-generation sequencing data[J]. Bioinformatics, 2015,31(21):3421-3428.

［92］CHIN C S,ALEXANDER D H,MARKS P,et al. Nonhybrid,finished microbial genome assemblies from long-read SMRT sequencing data[J]. Nature Methods,2013, 10(6):563-569.

［93］KOREN S,SCHATZ M C,WALENZ B P,et al. Hybrid error correction and de novo assembly of single-molecule sequencing reads[J]. Nature Biotechnology,2012,30(7):

693-700.

[94] AU K F,UNDERWOOD J G,LEE L,et al. Improving PacBio long read accuracy by short read alignment[J]. PLoS One,2012,7(10):e46679.

[95] HACKL T,HEDRICH R,SCHULTZ J,et al. Proovread:large-scale high-accuracy PacBio correction through iterative short read consensus[J]. Bioinformatics (Oxford, England),2014,30(21):3004-3011.

[96] LEE H Y,GURTOWSKI J,YOO S,et al. Error correction and assembly complexity of single molecule sequencing reads[J]. bioRxiv,2014, DOI:10. 1101/006395.

[97] CHIN C S,ALEXANDER D H,MARKS P,et al. Nonhybrid,finished microbial genome assemblies from long-read SMRT sequencing data[J]. Nature Methods,2013, 10(6):563-569.

[98] SALMELA L,RIVALS E. LoRDEC:accurate and efficient long read error correction [J]. Bioinformatics,2014,30(24):3506-3514.

[99] MICLOTTE G,HEYDARI M,DEMEESTER P,et al. Jabba:hybrid error correction for long sequencing reads[J]. Algorithms for Molecular Biology:AMB,2016,11:10.

[100] GOODWIN S,GURTOWSKI J,ETHE-SAYERS S,et al. Oxford Nanopore sequencing,hybrid error correction,and de novo assembly of a eukaryotic genome[J]. Genome Research,2015,25(11):1750-1756.

[101] MADOUI M A,ENGELEN S,CRUAUD C,et al. Genome assembly using Nanopore-guided long and error-free DNA reads[J]. BMC Genomics,2015,16(1):327.

[102] PASZKIEWICZ K,STUDHOLME D J. De novo assembly of short sequence reads [J]. Briefings in Bioinformatics,2010,11(5):457-472.

[103] EL-METWALLY S,HAMZA T,ZAKARIA M,et al. Next-generation sequence assembly:four stages of data processing and computational challenges[J]. PLoS Computational Biology,2013,9(12):e1003345.

[104] HE Y M,ZHANG Z,PENG X Q,et al. De novo assembly methods for next generation sequencing data[J]. Tsinghua Science and Technology,2013,18(5):500-514.

[105] SOHN J I,NAM J W. The present and future of de novo whole-genome assembly [J]. Briefings in Bioinformatics,2016,19(1):23-40.

[106] SIMPSON J T,POP M. The theory and practice of genome sequence assembly[J]. Annual Review of Genomics and Human Genetics,2015,16:153-172.

[107] BATZOGLOU S,JAFFE D B,STANLEY K,et al. ARACHNE:a whole-genome shotgun assembler[J]. Genome Research,2002,12(1):177-189.

[108] MULLIKIN J C,NING Z M. The phusion assembler[J]. Genome Research,2003,13 (1):81-90.

[109] MARGULIES M,EGHOLM M,ALTMAN W E,et al. Genome sequencing in microfabricated high-density picolitre reactors[J]. Nature,2005,437(7057):376-380.

[110] HUANG X Q,YANG S P. Generating a genome assembly with PCAP[J]. Current Protocols in Bioinformatics,2005,Chapter 11:Unit11. 3.

[111] MYERS E W,SUTTON G G,DELCHER A L,et al. A whole-genome assembly of Drosophila[J]. Science,2000,287(5461):2196-2204.

[112] HUANG X,MADAN A. CAP3:a DNA sequence assembly program[J]. Genome Research,1999,9(9):868-877.

[113] SUTTON G G,WHITE O,ADAMS M D,et al. TIGR assembler:a new tool for assembling large shotgun sequencing projects[J]. Genome Science and Technology, 1995,1(1):9-19.

[114] MILLER J R,DELCHER A L,KOREN S,et al. Aggressive assembly of pyrosequencing reads with mates[J]. Bioinformatics,2008,24(24):2818-2824.

[115] HERNANDEZ D,FRANÇOIS P,FARINELLI L,et al. De novo bacterial genome sequencing:millions of very short reads assembled on a desktop computer[J]. Genome Research,2008,18(5):802-809.

[116] MYERS G. Efficient local alignment discovery amongst noisy long reads[C]//Algorithms in Bioinformatics,2014: 52-67.

[117] MIYAMOTO M,MOTOOKA D,GOTOH K,et al. Performance comparison of second- and third-generation sequencers using a bacterial genome with two chromosomes[J]. BMC Genomics,2014,15(1):699.

[118] BERLIN K,KOREN S,CHIN C S,et al. Assembling large genomes with single-molecule sequencing and locality-sensitive hashing[J]. Nature Biotechnology,2015,33 (6):623-630.

[119] IDURY R M,WATERMAN M S. A new algorithm for DNA sequence assembly[J]. Journal of Computational Biology,1995,2(2):291-306.

[120] 王东阳,任世军,王亚东.DNA 序列拼接中 de Bruijn 图结构的研究[J]. 智能计算机与应用,2011,1(4):20-25.

[121] HE Y M,ZHANG Z,PENG X Q,et al. De novo assembly methods for next generation sequencing data[J]. Tsinghua Science and Technology,2013,18(5):500-514.

[122] LI M,LIAO Z X,HE Y M,et al. ISEA:iterative seed-extension algorithm for de novo assembly using paired-end information and insert size distribution[J]. IEEE/ACM Transactions on Computational Biology and Bioinformatics,2017,14(4):916-925.

[123] PEVZNER P A,TANG H X,WATERMAN M S. An Eulerian path approach to DNA fragment assembly[J]. PNAS,2001,98(17):9748-9753.

[124] JECK W R,REINHARDT J A,BALTRUS D A,et al. Extending assembly of short DNA sequences to handle error[J]. Bioinformatics,2007,23(21):2942-2944.

[125] ZERBINO D R,BIRNEY E. Velvet:algorithms for de novo short read assembly using de Bruijn graphs[J]. Genome Research,2008,18(5):821-829.

[126] SIMPSON J T,WONG K,JACKMAN S D,et al. ABySS:a parallel assembler for short read sequence data[J]. Genome Research,2009,19(6):1117-1123.

[127] GNERRE S,MACCALLUM I,PRZYBYLSKI D,et al. High-quality draft assemblies of mammalian genomes from massively parallel sequence data[J]. Proceedings

of the National Academy of Sciences of the United States of America,2011,108(4):
1513-1518.

[128] BUTLER J,MACCALLUM I,KLEBER M,et al. ALLPATHS:de novo assembly of
whole-genome shotgun microreads[J]. Genome Research,2008,18(5):810-820.

[129] BANKEVICH A,NURK S,ANTIPOV D,et al. SPAdes:a new genome assembly al-
gorithm and its applications to single-cell sequencing[J]. Journal of Computational
Biology:a Journal of Computational Molecular Cell Biology,2012,19(5):455-477.

[130] PENG Y,LEUNG H C M,YIU S M,et al. IDBA – A practical iterative de bruijn
graph de novo assembler[M]//Lecture Notes in Computer Science. Berlin, Heidel-
berg:Springer Berlin Heidelberg,2010:426-440.

[131] LI R Q,ZHU H M,RUAN J,et al. De novo assembly of human genomes with mas-
sively parallel short read sequencing[J]. Genome Research,2010,20(2):265-272.

[132] LUO R B,LIU B H,XIE Y L,et al. SOAPdenovo2:an empirically improved memo-
ry-efficient short-read de novo assembler[J]. GigaScience,2012,1(1):2047-217X.

[133] YE C X,MA Z S,CANNON C H,et al. Exploiting sparseness in de novo genome as-
sembly[J]. BMC Bioinformatics,2012,13(Suppl 6):S1.

[134] CHU T C,LU C H,LIU T,et al. Assembler for de novo assembly of large genomes
[J]. Proceedings of the National Academy of Sciences of the United States of Ameri-
ca,2013,110(36):E3417-E3424.

[135] SIMPSON J T,DURBIN R. Efficient de novo assembly of large genomes using com-
pressed data structures[J]. Genome Research,2012,22(3):549-556.

[136] ZIMIN A V,MARÇAIS G,PUIU D,et al. The MaSuRCA genome assembler[J].
Bioinformatics (Oxford,England),2013,29(21):2669-2677.

[137] CHAPMAN J A,HO I,SUNKARA S,et al. Meraculous:de novo genome assembly
with short paired-end reads[J]. PLoS One,2011,6(8):e23501.

[138] LANGMEAD B,TRAPNELL C,POP M,et al. Ultrafast and memory-efficient a-
lignment of short DNA sequences to the human genome[J]. Genome Biology,2009,
10(3):R25.

[139] LANGMEAD B,SALZBERG S L. Fast gapped-read alignment with bowtie 2[J].
Nature Methods,2012,9(4):357-359.

[140] LI H,DURBIN R. Fast and accurate short read alignment with Burrows-Wheeler
transform[J]. Bioinformatics,2009,25(14):1754-1760.

[141] DONMEZ N,BRUDNO M. SCARPA:scaffolding reads with practical algorithms
[J]. Bioinformatics,2012,29(4):428-434.

[142] MANDRIC I,ZELIKOVSKY A. ScaffMatch:scaffolding algorithm based on maxi-
mum weight matching[J]. Bioinformatics,2015,31(16):2632-2638.

[143] BOETZER M,HENKEL C V,JANSEN H J,et al. Scaffolding pre-assembled contig
using SSPACE[J]. Bioinformatics,2010,27(4):578-579.

[144] SALMELA L,MÄKINEN V,VÄLIMÄKI N,et al. Fast scaffolding with small inde-

pendent mixed integer programs[J]. Bioinformatics,2011,27(23):3259-3265.

[145] DAYARIAN A,MICHAEL T P,SENGUPTA A M. SOPRA:Scaffolding algorithm for paired reads via statistical optimization[J]. BMC Bioinformatics,2010,11:345.

[146] POP M,KOSACK D S,SALZBERG S L. Hierarchical scaffolding with bambus[J]. Genome Research,2004,14(1):149-159.

[147] KOREN S, TREANGEN T J, POP M. Bambus 2:scaffolding metagenomes[J]. Bioinformatics (Oxford,England),2011,27(21):2964-2971.

[148] GAO S,SUNG W K,NAGARAJAN N. Opera:reconstructing optimal genomic scaffold with high-throughput paired-end sequences[J]. Journal of Computational Biology:a Journal of Computational Molecular Cell Biology,2011,18(11):1681-1691.

[149] BODILY P M,FUJIMOTO M S,SNELL Q,et al. scaffoldcaffolder:solving contig orientation via bidirected to directed graph reduction[J]. Bioinformatics,2015,32(1):17-24.

[150] SAHLIN K, VEZZI F, NYSTEDT B, et al. BESST:efficient scaffolding of large fragmented assemblies[J]. BMC Bioinformatics,2014,15(1):281.

[151] Sahlin K, Chikhi R, Arvestad L. Genome scaffolding with PE-contaminated mate-pair libraries[J]. bioRxiv, 2015: 025650.

[152] GRITSENKO A A,NIJKAMP J F,REINDERS M J T,et al. GRASS:a generic algorithm for scaffolding next-generation sequencing assemblies [J]. Bioinformatics, 2012,28(11):1429-1437.

[153] ROY R S,CHEN K C,SENGUPTA A M,et al. SLIQ:simple linear inequalities for efficient contig scaffolding[J]. Journal of Computational Biology:a Journal of Computational Molecular Cell Biology,2012,19(10):1162-1175.

[154] LINDSAY J,SALOOTI H,MĂNDOIU I,et al. ILP-based maximum likelihood genome scaffolding[J]. BMC Bioinformatics,2014,15(Suppl 9):S9.

[155] Briot N, Chateau A, Coletta R, et al. An integer linear programming approach for genome scaffolding[C]. 10th Workshop on Constraint-Based Methods for Bioinformatics (WCB),2014:16p.

[156] FARRANT G K,HOEBEKE M,PARTENSKY F,et al. WiseScaffolder:an algorithm for the semi-automatic scaffolding of Next Generation Sequencing data[J]. BMC Bioinformatics,2015,16:281.

[157] WELLER M,CHATEAU A,GIROUDEAU R. Exact approaches for scaffolding [J]. BMC Bioinformatics,2015,16(Suppl 14):S2.

[158] NAGARAJAN N,READ T D,POP M. Scaffolding and validation of bacterial genome assemblies using optical restriction maps[J]. Bioinformatics, 2008, 24 (10):1229-1235.

[159] LIN H C,GOLDSTEIN S,MENDELOWITZ L,et al. AGORA:assembly guided by optical restriction alignment[J]. BMC Bioinformatics,2012,13:189.

[160] KAWAHARA Y,DE LA BASTIDE M,HAMILTON J P,et al. Improvement of the

Oryza sativa Nipponbare reference genome using next generation sequence and optical map data[J]. Rice (New York, N Y),2013,6(1):4.

[161] XAVIER B B,SABIROVA J,PIETER M,et al. Employing whole genome mapping for optimal de novo assembly of bacterial genomes[J]. BMC Research Notes,2014,7: 484.

[162] ZHOU S G,BECHNER M C,PLACE M,et al. Validation of rice genome sequence by optical mapping[J]. BMC Genomics,2007,8:278.

[163] DONG Y,XIE M,JIANG Y,et al. Sequencing and automated whole-genome optical mapping of the genome of a domestic goat (Capra hircus)[J]. Nature Biotechnology, 2013,31(2):135-141.

[164] TANG H B,ZHANG X T,MIAO C Y,et al. ALLMAPS:robust scaffold ordering based on multiple maps[J]. Genome Biology,2015,16(1):3.

[165] BOETZER M,PIROVANO W. SSPACE-LongRead:scaffolding bacterial draft genomes using long read sequence information[J]. BMC Bioinformatics,2014,15:211.

[166] WARREN R L,YANG C,VANDERVALK B P,et al. LINKS:Scalable, alignment-free scaffolding of draft genomes with long reads[J]. GigaScience,2015,4(1):s13742-15.

[167] GAO S,BERTRAND D,CHIA B K H,et al. OPERA-LG:efficient and exact scaffolding of large, repeat-rich eukaryotic genomes with performance guarantees[J]. Genome Biology,2016,17:102.

[168] DESHPANDE V,FUNG E D K,PHAM S,et al. Cerulean:a hybrid assembly using high throughput short and long reads[C]//Algorithms in Bioinformatics, 2013: 349-363.

[169] ANTIPOV D,KOROBEYNIKOV A,MCLEAN J S,et al. hybridSPAdes:an algorithm for hybrid assembly of short and long reads[J]. Bioinformatics,2015,32(7): 1009-1015.

[170] YE C X,HILL C M,WU S G,et al. DBG2OLC:efficient assembly of large genomes using long erroneous reads of the third generation sequencing technologies[J]. Scientific Reports,2016,6:31900.

[171] BASHIR A,KLAMMER A A,ROBINS W P,et al. A hybrid approach for the automated finishing of bacterial genomes[J]. Nature Biotechnology,2012,30(7):701-707.

[172] KOREN S,PHILLIPPY A M. One chromosome,one contig:complete microbial genomes from long-read sequencing and assembly[J]. Current Opinion in Microbiology,2015,23:110-120.

[173] BURTON J N,ADEY A,PATWARDHAN R P,et al. Chromosome-scale scaffolding of de novo genome assemblies based on chromatin interactions[J]. NatureBiotechnology,2013,31(12):1119-1125.

[174] GHURYE J,POP M,KOREN S,et al. Scaffolding of long read assemblies using long range contact information[J]. BMCGenomics,2017,18(1):527.

[175] GHURYE J,RHIE A,WALENZ B P,et al. Integrating Hi-C links with assembly graphs for chromosome-scale assembly[J]. PLoSComputational Biology,2019,15(8): e1007273.

[176] DUDCHENKO O,BATRA S S,OMER A D,et al. De novo assembly of theAedes aegypti genome using Hi-C yields chromosome-length scaffold[J]. Science,2017,356 (6333):92-95.

[177] TSAI I J,OTTO T D,BERRIMAN M. Improving draft assemblies by iterative mapping and assembly of short reads to eliminate gaps[J]. Genome Biology,2010,11(4): R41.

[178] BOETZER M,PIROVANO W. Toward almost closed genomes with GapFiller[J]. Genome Biology,2012,13(6):R56.

[179] GAO S,BERTRAND D,NAGARAJAN N. FinIS:improved in silico finishing using an exact quadratic programming formulation[C]//Algorithms in Bioinformatics, 2012:314-325.

[180] PAULINO D,WARREN R L,VANDERVALK B P,et al. Sealer:a scalable gap-closing application for finishing draft genomes[J]. BMC Bioinformatics, 2015, 16 (1):230.

[181] SALMELA L,SAHLIN K,MÄKINEN V,et al. Gap filling as exact path length problem[J]. Journal of Computational Biology:a Journal of Computational Molecular Cell Biology,2016,23(5):347-361.

[182] PIRO V C,FAORO H,WEISS V A,et al. FGAP:an automated gap closing tool[J]. BMC Research Notes,2014,7:371.

[183] KOSUGI S,HIRAKAWA H,TABATA S. GMcloser:closing gaps in assemblies accurately with a likelihood-based selection of contig or long-read alignments[J]. Bioinformatics,2015,31(23):3733-3741.

[184] DE SÁ P H C G,MIRANDA F,VERAS A,et al. GapBlaster-A graphical gap filler for prokaryote genomes[J]. PLoS One,2016,11(5):e0155327.

[185] ENGLISH A C,RICHARDS S,HAN Y,et al. Mind the gap:upgrading genomes with Pacific biosciences RS long-read sequencing technology[J]. PLoS One, 2012,7 (11):e47768.

[186] VICEDOMINI R,VEZZI F,SCALABRIN S,et al. GAM-NGS:genomic assemblies merger for next generation sequencing [J]. BMC Bioinformatics, 2013, 14 (Suppl 7):S6.

[187] YAO G H,YE L,GAO H Y,et al. Graph accordance of next-generation sequence assemblies[J]. Bioinformatics,2011,28(1):13-16.

[188] SOTO-JIMENEZ L M,ESTRADA K,SANCHEZ-FLORES A. GARM:genome assembly,reconciliation and merging pipeline[J]. Current Topics in Medicinal Chemistry,2014,14(3):418-424.

[189] LIN S H,LIAO Y C. CISA:contig integrator for sequence assembly of bacterial ge-

nomes[J]. PLoS One,2013,8(3):e60843.

[190] NIJKAMP J,WINTERBACH W,VAN DEN BROEK M,et al. Integrating genome assemblies with MAIA[J]. Bioinformatics,2010,26(18):i433-i439.

[191] SOMMER D D,DELCHER A L,SALZBERG S L,et al. Minimus:a fast,lightweight genome assembler[J]. BMC Bioinformatics,2007,8:64.

[192] SOUEIDAN H,MAURIER F,GROPPI A,et al. Finishing bacterial genome assemblies with Mix[J]. BMC Bioinformatics,2013,14(Suppl 15):S16.

[193] KOREN S,HARHAY G P,SMITH T P L,et al. Reducing assembly complexity of microbial genomes with single-molecule sequencing[J]. Genome Biology,2013,14(9):R101.

[194] CHAISSON M J,TESLER G. Mapping single molecule sequencing reads using basic local alignment with successive refinement (BLASR):application and theory[J]. BMC Bioinformatics,2012,13:238.

[195] ZHU S L,CHEN D Z,EMRICH S J. Single molecule sequencing-guided scaffolding and correction of draft assemblies[J]. BMC Genomics,2017,18(Suppl 10):879.

[196] XU G C,XU T J,ZHU R,et al. LR_Gapcloser:a tiling path-based gap closer that uses long reads to complete genome assembly[J]. GigaScience,2019,8(1):giy157.

[197] LI H,RUAN J,DURBIN R. Mapping short DNA sequencing reads and calling variants using mapping quality scores[J]. Genome Research,2008,18(11):1851-1858.

[198] LI H,HANDSAKER B,WYSOKER A,et al. The sequence alignment/map format and SAMtools[J]. Bioinformatics,2009,25(16):2078-2079.

[199] LI R Q,LI Y R,KRISTIANSEN K,et al. SOAP:short oligonucleotide alignment program[J]. Bioinformatics,2008,24(5):713-714.

[200] LI R Q,LI Y R,FANG X D,et al. SNP detection for massively parallel whole-genome resequencing[J]. Genome Research,2009,19(6):1124-1132.

[201] GOYA R,SUN M G F,MORIN R D,et al. SNVMix:predicting single nucleotide variants from next-generation sequencing of tumors[J]. Bioinformatics,2010,26(6):730-736.

[202] MCKENNA A,HANNA M,BANKS E,et al. The Genome Analysis Toolkit:a MapReduce framework for analyzing next-generation DNA sequencing data[J]. Genome Research,2010,20(9):1297-1303.

[203] LI Y,WILLER C J,DING J,et al. MaCH:using sequence and genotype data to estimate haplotypes and unobserved genotypes[J]. Genetic Epidemiology,2010,34(8):816-834.

[204] XU F,WANG W X,WANG P W,et al. A fast and accurate SNP detection algorithm for next-generation sequencing data[J]. Nature Communications,2012,3:1258.

[205] LAI Z W,MARKOVETS A,AHDESMAKI M,et al. VarDict:a novel and versatile variant caller for next-generation sequencing in cancer research[J]. Nucleic Acids Research,2016,44(11):e108.

［206］BARTHELSON R,MCFARLIN A J,ROUNSLEY S D,et al. Plantagora:modeling whole genome sequencing and assembly of plant genomes［J］. PLoS One,2011,6 (12):e28436.

［207］BRADNAM K R,FASS J N,ALEXANDROV A,et al. Assemblathon 2:evaluating de novo methods of genome assembly in three vertebrate species［J］. GigaScience, 2013,2(1):2047-217X.

［208］SALZBERG S L,PHILLIPPY A M,ZIMIN A,et al. GAGE:a critical evaluation of genome assemblies and assembly algorithms［J］. Genome Research,2012,22(3): 557-567.

［209］GUREVICH A,SAVELIEV V,VYAHHI N,et al. QUAST:quality assessment tool for genome assemblies ［J］. Bioinformatics (Oxford, England), 2013, 29 (8): 1072-1075.

［210］HUNT M,KIKUCHI T,SANDERS M,et al. REAPR:a universal tool for genome assembly evaluation［J］. Genome Biology,2013,14(5):R47.

［211］SIMÃO F A,WATERHOUSE R M,IOANNIDIS P,et al. BUSCO:assessing genome assembly and annotation completeness with single-copy orthologs［J］. Bioinformatics,2015,31(19):3210-3212.

［212］ZHU X,LEUNG H C M,WANG R J,et al. misFinder:identify mis-assemblies in an unbiased manner using reference and paired-end reads［J］. BMC Bioinformatics,2015, 16:386.

［213］DARLING A E,TRITT A,EISEN J A,et al. Mauve assembly metrics［J］. Bioinformatics,2011,27(19):2756-2757.

［214］MACCALLUM I,PRZYBYLSKI D,GNERRE S,et al. ALLPATHS 2:small genomes assembled accurately and with high continuity from short paired reads［J］. Genome Biology,2009,10(10):R103.

［215］ARIYARATNE P N,SUNG W K. PE-Assembler:de novo assembler using short paired-end reads［J］. Bioinformatics,2010,27(2):167-174.

［216］RIZK G,LAVENIER D,CHIKHI R. DSK:k-mer counting with very low memory usage［J］. Bioinformatics,2013,29(5):652-653.

［217］CHIKHI R,LIMASSET A,JACKMAN S,et al. On the representation of de Bruijn graphs［J］. Journal of Computational Biology:a Journal of Computational Molecular Cell Biology,2015,22(5):336-352.

［218］HUNT M,NEWBOLD C,BERRIMAN M,et al. A comprehensive evaluation of assembly scaffolding tools［J］. Genome Biology,2014,15(3):R42.